清华科史哲丛书

技术哲学导论

胡翌霖　著

图书在版编目(CIP)数据

技术哲学导论/胡翌霖著.—北京:商务印书馆,2021（2025.4 重印）
（清华科史哲丛书）
ISBN 978－7－100－19621－5

Ⅰ.①技… Ⅱ.①胡… Ⅲ.①技术哲学—研究 Ⅳ.①N02

中国版本图书馆 CIP 数据核字(2021)第 036584 号

清华科史哲丛书
技术哲学导论
胡翌霖 著

商 务 印 书 馆 出 版
(北京王府井大街 36 号 邮政编码 100710)
商 务 印 书 馆 发 行
北京中科印刷有限公司印刷
ISBN 978－7－100－19621－5

2021 年 5 月第 1 版 开本 880×1230 1/32
2025 年 4 月北京第 4 次印刷 印张 5⅜

定价:45.00 元

总　序

科学技术史(简称科技史)与科学技术哲学(简称科技哲学)是两个有着内在亲缘关系的领域,均以科学技术为研究对象,都在20世纪发展成为独立的学科。在以科学技术为对象的诸多人文研究和社会研究中,它们发挥了学术核心的作用。“科史哲”是对它们的合称。科学哲学家拉卡托斯说得好:“没有科学史的科学哲学是空洞的,没有科学哲学的科学史是盲目的。”清华大学科学史系于2017年5月成立,将科技史与科技哲学均纳入自己的学术研究范围。科史哲联体发展,将成为清华科学史系的一大特色。

中国的“科学技术史”学科属于理学一级学科,与国际上通常将科技史列为历史学科的情况不太一样。由于特定的历史原因,中国科技史学科的主要研究力量集中在中国古代科技史,而研究队伍又主要集中在中国科学院下属的自然科学史研究所,因此,在20世纪80年代制定学科目录的过程中,很自然地将科技史列为理学学科。这种学科归属还反映了学科发展阶段的整体滞后。从国际科技史学科的发展历史看,科技史经历了一个由“分科史”向“综合史”、由理学性质向史学性质、由“科学家的科学史”向“科学史家的科学史”的转变。西方发达国家在20世纪五六十年代完成了这种转变,出现了第一代职业科学史家。而直到20世纪末,我国科技史界提出了学科再建制的口号，才把上述“转变”提上日程。在外部制度建设方面，再建制的任务主要是将学科阵地由中国科学院自然科学史所向其他机构特别是高等院校扩展，在越来越多的高校建立科学史系和科技史学科点。在内部制度建设方面，再建制的任务是由分科史走向综合史，由学科内史走向思想史与社会史，由中国古代科技史走向世界科技史特别是西方科技史。

科技哲学的学科建设面临的是另一些问题。作为哲学二级学科的“科技哲学”过去叫“自然辩证法”，但从目前实际涵盖的研究领域来看，它既不能等同于“科学哲学”（Philosophy of Science），也无法等同于“科学哲学和技术哲学”（Philosophy of Science and of Technology）。事实上，它包罗了各种以“科学技术”为研究对象的学科，是一个学科群、问题域。科技哲学面临的主要问题是，如何在广阔无边的问题域中建立学科规范和学术标准。

本丛书将主要收录清华师生在西方科技史、中国科技史、科学哲学与技术哲学、科学技术与社会、科学传播学与科学博物馆学五大领域的研究性专著。我们希望本丛书的出版能够有助于推进中国科技史和科技哲学的学科建设，也希望学界同行和读者不吝赐教，帮助我们出好这套丛书。

吴国盛

2018年12月于清华新斋

目　　录

第一章　技术哲学作为哲学……………………………… 1
　一　我是谁？我在哪？我要干什么？………………… 1
　二　由深入浅……………………………………… 3
　三　是是，不是不是 ………………………………… 7
　四　作为的“作”是制作的“作” …………………… 10
　五　一件东西何以是“一”？ ………………………… 13
　六　原始的学习 ……………………………………… 15
　七　认识与记忆 ……………………………………… 18
　八　记忆的剪辑 ……………………………………… 22
　九　尘世中的轮回 …………………………………… 26
第二章　技术是人的延伸 ……………………………… 28
　一　什么是技术？ …………………………………… 28
　二　来回“摩擦” ……………………………………… 30
　三　延伸人的边界 …………………………………… 33
　四　透过现象看现象 ………………………………… 36
　五　反思要趁热 ……………………………………… 39
　六　当生活“卡住”时 ………………………………… 43
　七　让人膨胀的语言 ………………………………… 46

八　人即延伸 …… 49

九　自恋狂还是熊孩子 …… 52

第三章　技术与人性的起源 …… 55

一　人的本性是什么？ …… 55

二　人的起源或发明 …… 58

三　人人生而残缺 …… 60

四　宏观的遗传物质 …… 62

五　人性观与技术史 …… 65

六　技术不只是征服自然 …… 67

七　理想的人和理想的城市 …… 70

第四章　自然与技术的分与合 …… 74

一　什么是自然？ …… 74

二　发明自然 …… 76

三　贬低技术 …… 79

四　人造自然 …… 82

五　机械论哲学 …… 86

六　内在性的复辟与衰亡 …… 89

七　数学的自然化 …… 92

第五章　古今技术之别 …… 97

一　现代技术和古代技术有何区别？ …… 97

二　正确的废话不够真实 …… 99

三　原因会聚和结果登场 …… 102

四　技术为真理搭台 …… 104

五　抱上科学大腿的现代技术变质了吗？ …… 107

六　从角儿到导演…… 109
七　时刻准备着…… 111
八　时代在召唤…… 114
九　命运与自由…… 118
十　出路要靠技术与艺术的暧昧关系…… 122
第六章　现代技术批判…… 126
一　现代是糟糕的吗？…… 126
二　倒立的倒立或脚踏实地…… 128
三　有血有肉的人…… 131
四　镜中观肉…… 133
五　工作是为了不工作？…… 135
六　舒服的奴隶也是奴隶…… 139
七　手段成了目的…… 141
八　怎么也跳不出五指山…… 144
九　大众文化批判…… 148
第七章　人还能做什么？…… 150
一　技术有自主性吗？…… 150
二　人还有自主性吗？…… 153
三　学以致用…… 155
四　技术哲学课对技术哲学的应用…… 158

第一章　技术哲学作为哲学

一　我是谁？我在哪？我要干什么？

技术是当今时代的主题。

资本家追逐前沿风口，企业家进行产品迭代，政治家进行国际博弈，消费者挑选新潮商品，批评家则对环境危机忧心忡忡……，以上所有的议题背后，都蕴含着“技术”这一主题。如果避开“技术”，我们几乎难以就任何一项公共议题深入讨论。

哲学家当然也要关注技术，甚至我认为，一位当代哲学家如果不关注技术，那么他一定是不真诚的，是一个“假哲学家”。因为哲学的使命是反思，而一个真诚的哲学家的第一个反思对象就是他自己，他不会逃避对自我的生存与死亡的追问——我是谁？我在哪？我要干什么？这最通俗也最深奥的“灵魂三问”，是任何哲学追思的基点。

对于灵魂的自我拷问，每个人都将给出自己的答案，但无论如何，真诚的哲学家不会把“上帝”认作“我是谁”的答案，也不会把“时空之外”认作“我在哪”的答案。“我”并不是在时空之外俯瞰着世界的（许多古代哲学家确实常有这样的僭妄）。“我”总是身处于某个特定的时代背景之下。而对于今日的我们而言,这个时代就是技术的时代。

“我要干什么”这一问就更离不开“技术”了。赤手空拳的人什么都干不了。即便你要搞相扑,也得磨练“技艺”。在当代社会,不仅是技术职业,更包括买菜做饭、休闲娱乐等任何活动,都离不开日新月异的“技术”。哪怕我什么都不想干,就想混吃等死,都免不了和技术打交道——那些适应不了电子产品的老年人将发现他们晚年的日常生活都变得越来越困难。

但是究竟什么是技术呢?当我们讨论技术时,我们讨论的究竟是什么呢?

好比奥古斯丁讨论“什么是时间”时所说的:“如果没人问我,我是明白的;如果我想给问我的人解释,我就不明白了。”我们似乎也都明白技术是什么,但要解说清楚却并不容易。

“什么是技术”是一个与“我是谁”类似的大问题,我们感觉明白却拙于表达。在迫不得已时,我们似乎只能进行某些罗列:我是姓胡的、是男人、是中国人、是老师……,有信息技术、航天技术、农业技术、骑马技术……,但一方面这些种种面相总是列举不完,另一方面即便把这些不同面相堆砌在一起,也未必能让概念变得更加明晰。

自古以来,哲学家很少对某个问题给出一劳永逸的最终回答,而追究和讨论这些“大问题”的过程比得到一个三言两语的答案更加重要。所谓的“技术哲学”,就是从追问“什么是技术”出发的一个讨论空间。

“技术哲学”是一个讨论空间,是一个论域,但算不上是一门有着确定范式的学科。就好比说"关于人性的哲学""关于世界观的哲学""关于意义的哲学"之类,它们可以在整个"哲学"中标识出一个大致的讨论方向,但并不能成为哲学门下的一个专门学科。因为任何一个哲学家都会追问人性、理解世界、估量价值,在具体讨论时可能会有侧重和聚焦,但总体来说不可能把这些主题割裂开来,形成互相独立的专门学科。"技术"也是类似,前面说到,在这个技术时代没有一个真诚的哲学家能回避技术问题,区别只是他们是否以专题化的方式特意讨论技术,还是把技术问题放在其他主题之内来关照。

上述观点也并非没有争议。事实上,当代确实有越来越多的把哲学变成了一个"分科之学",把"技术哲学"看作是专门讨论具体技术问题的一种学问,不怎么关心时代或人性这些大问题,视角更加微观,例如讨论基因技术的伦理问题、大数据的隐私问题、人工智能的定义问题等。这些研究也是多多益善,不过我更愿意把它们归入更广义的"技术学"的范畴,而和"技术哲学"区别开。技术哲学首先是哲学,而哲学总是要关注最一般性的"大问题"。

技术哲学从最根本的哲学大问题出发,但并不能陷入空洞的概念游戏。因为"技术"也是我们今天最切身、最日常的东西,技术哲学最终也还是要指引我们面对我们在这个时代的实际处境。

二　由深入浅

技术哲学同时要回应最古老的和最迫近的问题,我们可以从不同的角度切入,进入技术哲学的思想空间。我们可以由浅入深,从更明确的当代问题出发来追根溯源，当然也可以由深入浅，从最深奥的哲学问题进入。

我从2018年起在清华大学开设了“技术哲学导论”这一通识选修课，面向全校文理工本科生，本书正是由该课程的讲义整理而来。在设计课程结构时，我就面临上述问题——怎样引导一般人进入技术哲学呢？

最终我选择了“由深入浅”的方案，从抽象到具体，从古到今，先从哲学史上的古老问题讲起，最后讲到工业化和自动化时代的技术问题。

这套方案不一定最好，但至少体现了我个人的思路和特色。我们说过，技术哲学是一个论域，而不是一门确定的学科。就好比一个开放的广场，从东边进也行，从西边进也行，有人从东边进来容易迷路，有人从西边进来容易碰壁，哪怕空降进来，也可能直接掉进坑里，很难找出一条适合所有人的固定路线。

国内已经出版了不少技术哲学的导论类书籍，我首推的是吴国盛的《技术哲学讲演录》[①]，它由若干篇演讲结集而成，深入浅出。乔瑞金等撰写的《技术哲学教程》[②]和《技术哲学导论》[③]、姜振寰撰写的《技术哲学概论》[④]、陈昌曙撰写的《技术哲学引论》[⑤]等著作都算扎实全面，也都可以用作导论教材。国外学者如卡尔·米

---

① 吴国盛：《技术哲学讲演录》，中国人民大学出版社2016年版。

② 乔瑞金：《技术哲学教程》，科学出版社2006年版。

③ 乔瑞金等：《技术哲学导论》，高等教育出版社2009年版。

④ 姜振寰：《技术哲学概论》，人民出版社2009年版。

⑤ 陈昌曙：《技术哲学引论》，科学出版社2012年版。

切姆的《技术哲学概论》[①]、唐·伊德的《技术哲学导论》[②]也都已经翻译引进。

这些教材提供的"路线"各不相同，有的松散，有的系统，有的以问题为线索，有的按照哲学家分章节。这些写法各有所长，没有绝对的优劣之分。

珠玉在前，我这本书早已谈不上抛砖引玉了，只好"另辟蹊径"，尽可能保留我自己的个性。

首先，我坚持认为"技术哲学"是一个思想空间或讨论领域，而不是一个有严密体系的学科，而"本书"的意义并不是按部就班地设计一个固定的游览路线，更重要的是指明一个大略的方向，吸引游客去进一步自由地探索。就好比一个主题公园，导游只需要负责把游客带进门，大略介绍一些吸引人的游览项目，便可以放任不管了。至于具体选择哪些项目来探索，具体如何去深入体验，应当由游客自主决定，再详细地介绍也取代不了游客的亲身参与。

所谓的亲身参与，就哲学领域而言，就是自主阅读和独立思考。我会介绍一些关键的哲学家及其经典著述，如果读完本书之后，读者能够进一步探究下去，那就起到了导论的效果了。

当然，如果你懒得阅读那些晦涩的著作，本书的效果当然要大打折扣了。但我仍然希望本书对于"走马观花"的读者也有意义，希望我的讨论能够打开读者的思路和视野，从而可能以新的态度来看待日常生活中的技术问题。

---

① 〔美〕卡尔·米切姆：《技术哲学概论》，殷登祥译，天津科学技术出版社 1999 年版。

② 〔美〕唐·伊德：《技术哲学导论》，骆月明等译，上海大学出版社 2017 年版。

另外,由于在本书的写作中尽可能保留我自己的个性,因此这本导论书不再算是一部教材了,它首先是一部表达个人哲学见解的专著。当然,我仍然欢迎相关的学生和爱好者可以把这本书当作进入技术哲学领域的入门读物,因为本书提供了一系列的进入技术哲学领域的个性化的线索。

我不希望读者从这本书学到许多现成的、公认的、确定的知识,比如说海德格尔说了什么、马尔库塞说了什么。一方面,本书取代不了直接阅读哲学原著;另一方面,了解了一堆深奥的哲学术语,除了偶尔可以卖弄一下学识之外,并没有多大的意义。哲学课的意义,或者说这类启发思考为主旨的通识类导论课基本的使命就是“解放思想”,启发学生或读者跳出成见和思维定式,独立思考。

因此,我放弃了以人物或文献为中心的课程设计,转而以“问题”为中心,每次课都围绕哲学问题展开(如技术是什么、人与技术的关系、现代技术与古代技术的异同、技术有没有自主性等),而哲学家及其经典文献被我消化之后融入在课程内容之中。

那些几十年乃至几百年前的哲学经典著作之所以仍值得阅读,不只是因为它们有考据价值,也是因为它们提供的独到视角和思维方式,放在今天仍能给我们带来启示。因此,我在讲授哲学家思想的同时,不会拘泥于文本解读,而是最终要回到眼下熟悉的日常世界重新出发。

值得说明的是,在字里行间,我会提到诸如柏拉图、康德、海德格尔等大名鼎鼎的学者,但未接触哲学史的读者未必都熟悉这些名字,这不大要紧,在网上顺手搜一下大致信息即可,不必太过深究。这本书并不是旨在解读这些哲学家的观点，而只是把他们的观点当作辅助工具，来完善我的论述。如果你对相应的哲学家感兴趣，不妨找他们的著作去读，而不要让包括我这本书在内的各种二手介绍过多地影响了你的印象。

在内容顺序方面，我并没有遵循一般的"由浅入深"的方法，首先是以"问题"和"历史"的双重线索来布置(比如先讲技术与人类的起源，再讲古代技术到现代技术的转折)。在这个时间线索下，涉及的哲学问题更像是"由深入浅"的，因为更根源、更古老的问题往往是更深奥的。但"深入"还得"浅出"，我也希望读者不要滞留于晦涩的抽象讨论之内，而是在拔高视野、启发思路之后慢慢上浮，最终回到对当下切身处境的关切。

我的课程和这本著作都可以面向未受过哲学训练的一般大学生，但是对于西方哲学的讨论风格不大熟悉的读者，难免会遇到一些艰涩难明的语句和段落。我希望读者不用太过纠结，可以先"不求甚解"地搁置困惑，在后续的章节，在更具体的问题下，随时再回想起那些抽象或晦涩的理论问题，两相印证，就能加深理解。

三　是是，不是不是

闲话不多说，让我们从最根本和最深刻的哲学问题出发，走进技术哲学。

那么，到底什么是最根本的哲学问题呢？

开篇讲的"灵魂三问"可以说是最根本的问题，但是似乎太过根本，可以说是古今中外任何民族都会提出的问题。而我们谈起

“哲学”时，除了指一般的理性思考活动之外，比较狭义一点的意思，就是专门指从古希腊发端的整个西方哲学传统。

我们现在所谓的中国哲学，是在西学东渐之后，经由胡适、冯友兰、张岱年等那一代思想家，参考西方哲学的问题和视野，重新整理之后提炼出来的。但追根溯源，狭义上的“哲学”是以古希腊为发端的。

那么，古希腊哲学提出了什么根本问题，从而为整个哲学史奠定基础的呢？这个问题当然学术界也有许多说法，但粗略来说，无非是存在论(Ontology)的提出。

“存在论”又译成“本体论”或“是论”，追问的对象是系动词的名词化(Being)，这一论域的打开得益于西方语言的特点。中国古代汉语中压根没有系动词，更谈不上名词化了。要表达“A 是 B”之类的意思，中国古人一般用停顿和语气词来实现，例如“A，B 也”。A 与 B 被以更直接的方式关联在一起，把联系起来的这个“判断”“指认”的中介很难被突显出来，进而进行专题化的讨论。而希腊人把“是”专题化了，开启了他们独特的哲学传统。

巴门尼德(约公元前 515 年出生)的一句“废话”标志着这个传统的起点，他说道：“存在者存在，不存在者不存在。”因为现代汉语中的“是”和“存在”都无法严格对应于西方的系动词，所以这句话其实很难翻译。用大白话来讲，就是说“是就是，不是就不是”。又或者说，一件东西如果它存在，那么它就存在；如果它不存在，那么它就不存在。总之，这句话无论怎么翻译，似乎都是一句废话，它究竟要表达什么呢？

巴门尼德要表达的是一个深刻的悖论——变化何以可能？一

个足球要么是足球，要么不是足球，不可能既是又不是，那么足球又是从哪里来的呢？足球是从非足球变来的，但不是足球它就不是足球，它究竟是如何能够“是起来”的呢？

答案似乎很简单，它是慢慢变化而来的，一个自然物（比如一棵树）是通过一系列生长过程长出来的，一个人工物（比如一个足球）是通过一系列制作过程造出来的。但问题是，从不是到是，从是到不是，其中的界限到底在哪里？这界限又是如何被穿越的呢？

柏拉图和亚里士多德代表了两种回应巴门尼德的方式。柏拉图坚持“不变”，他许诺了一个静止不变的理念世界，在那个世界中是就是、不是就不是，各种事物及其界限都是清晰的、分明的；而现实世界之所以充满变化、边界暧昧，是因为现实世界本身是缺陷的、不完美的、虚幻的，只能够竭力模仿理念世界，但永远达不到理念世界那样清楚、分明。而亚里士多德则承认“变化”，发展出一套关于“潜能与现实”的形而上学，来解释运动和变化。

亚里士多德把变化（运动）定义为“作为潜能存在的潜能者的现实”，这一段出自《物理学》第三卷的运动定义经常被人误译和误解，理解为一种潜在到现实的“实现过程”。李猛对这一问题有深入的分析，他指出上述定义“不是试图把握运动的过程性、动态性甚至时间性，而是揭示运动本身的存在性质”①。

简单来说，“实现”或“现实化”指向一个“变化过程”，而所谓“变化过程”基本就是希腊语中“运动”的意思，用变化来定义变化

① 李猛：“亚里士多德的运动定义：一个存在的解释”，《世界哲学》2011年第2期。

只是一个同义反复而已；或者说，要理解“实现”这个词的意思，又需要先理解“变化”是什么意思。因此，用以定义变化的东西本身并不能再从变化的概念上去理解，而一定是某种绕过变化概念就能够得到领会的东西。

四 作为的“作”是制作的“作”

李猛已经给出了精细的讲解，但直接搬到这里来就显得过于繁复了。我在这里以更通俗的，可能是曲解或肤浅化的方式来讲一讲这个问题。

所谓定义，究其根本，最原始的定义就是“指物定义”，也就是我指着某个东西说：“喏，这是苹果。”当然这一定义要得到理解还需要一整套的语境，不然你都不知道我指的究竟是“苹果”“红”还是“水果”。但大致来说，我们需要找到一个场景和对象，以便提供“喏，这是……”的定义。亚里士多德的运动定义如果只是从术语概念的层面上去推敲，可能会感觉很绕、很迷茫，但其实它非常直观，是一个“可见”的“喏”。

要演示何谓运动，我可以在你面前走来走去，指着我自己说：“喏，我在运动。”但显然运动并不是指“我自己”这个人，而是指我正在走这一“活动”，但说运动就是活动还是有陷入同义反复之嫌。关键在于，当我指着自己说“喏，我在运动”时，我所指着的确实是“我”，与其说“喏”所指的是“我的运动”，不如说是“（能）运动的我”。走是属于我的一种能力，这一潜能并不总是被实现着，一般而言我只是“能走的我”，这“能运动的我”的确也是“我”，但并不总是现实。那么“能运动的我”的现实是什么？就是“我的运动”。

以上的解说还是粗糙的，古希腊的运动概念不仅指位移运动，更是指质变、量变等其他“变化”，对变化的定义才是运动定义的主要方面。例如，石头能成为雕像，作为雕像是石头的潜能，那么难道说“作为雕像的石头”的“现实”是运动吗？的确如此，但在这里，“作”应理解为“制作”的“作”——这不仅是一个基于中文的文字游戏。

“作为”是某种生产性的关系，是在施动者和运动者之间的关系。石头有成为雕像的潜能，一块石头是一个潜在的雕像，在这里石头是一个能变化的“潜能者”。但当我们指着一块未被雕琢的石头时，我们看到的就是一块现实的石头，这块石头作为能被雕塑的东西的现实，要在雕塑家面前才呈现出来。

这一现实并不是指一块原始的石头，但也不是指一块完成了的雕像，石头是现实的石头，雕像是现实的雕像，这是两个不同的东西——巴门尼德正是通过不同的东西不能是同一个东西这样的诡辩否决了“运动”。但亚里士多德指出了两个不同的东西之间的“运动”在哪里，也就是说，它是石头而非现成的雕像，但这石头的现实恰好是“作为潜在雕像”的石头，或者说“能作雕像的石头”。“能作雕像的石头”的现实恰恰就是“石头（向雕像）的（制）作”。我们指着一个正在雕塑家手中被雕刻着的石头说：喏，这就是“雕塑（活动）”。

和“走”类似，“雕塑”就是石头向雕像的“运动”。“能被雕刻的石头”的现实就是“石头的雕刻”，能变化的材料的现实就是材料的变化。在这里，我们发现了亚里士多德自然哲学与技术哲学的关联："运动"与"制作"相关联。

制作难道不也是一种"过程"吗？未必如此，要理解"制作"，我们并不必然先要预设对时间或过程的理解，因为"制作"可以从制作者和被制作者之间的关系得到理解。比如摆在雕塑家面前的被琢开一些纹路的石头，即便雕塑家正在休息，即便我们看不到整个操作流程，我们也看到了"运动"，即"雕塑"这一动作。亚里士多德举的例子是"建房"（201a16—18），石块摆放在工地时，就成了"建材"，建材就是可建房的石头的现实存在。

这也就是为什么亚里士多德在自然哲学中执着地认为任何运动总是离不开"推动者"，因为运动之本原恰恰被亚里士多德追究到了推动者头上去了。

雕塑家作为能雕者，石头作为能被雕者，这两种作为聚到一起，就成全了"雕塑"这一"运动"。"发生在运动者这里的运动……既是运动者的'作为'，也是推动者的'作为'。"李猛说道："在亚里士多德看来，运动的作用者和受作用者分别具有和运动有关的本原，前者是作用的潜能，而后者则是受作用的潜能 。而作用者（即所谓推动者）中的潜能，作为他者意义上的运动本原，恰恰是运动中作用-被作用关系的基础。"[①]

当然，运动的推动者不一定是某个人，亚里士多德区分了自然与人工，把自然物定义为为自己推动自己的东西，这方面我们在第四章继续讨论。在这里我们暂时从亚里士多德的微言大义中抽身而出吧。

---

① 李猛："亚里士多德的运动定义一个存在的解释"，《世界哲学》2011年第2期。

五　一件东西何以是“一”？

亚里士多德的微妙讨论可能让读者晕头转向，不过不必紧张，出于“由深入浅”的布局，后面的章节应该会更加通俗一些。但我们仍然需要在“是”和“作为”的问题上多折腾一会儿。

可能有人觉得巴门尼德或亚里士多德是把一个简单的问题复杂化了，其实只要不坚持某种“绝对主义”，不必认为“是”与“不是”之间有绝对的差别，那不就好了吗？事物是什么，难道不是一个相对性的问题吗？

石材有许多面相，在不同语境下呈现不同的侧面。例如，同一块石头放在建筑工地上、放在山沟里还是放在雕塑家的工坊里，呈现出的是不同的“作为”。简单来说，“作为”意味着我们“相对于”物的方式，某物作为什么呈现给我们，是相对于语境、相对于观看的角度的。

我们可以说，作为建材的石头和作为雕塑材料的石头，是同一块石头在不同语境下呈现出来的不同面相。那么，这样一来就化解了存在论问题吗？并非如此，认识的相对性反而把存在论问题引入了另一个深坑。

如果说同一个事物在不同的环境之下、在不同的对待方式之下有不同的面相，那么新的问题来了——这些不同的面相是如何可能汇聚到“同一个”事物之内的呢？

是否有某一种语境、某一种“作为”是最基本的，从而把其他种种面相统统汇聚到这一个最基本的面相之内吗？

这是柏拉图的思路。柏拉图设定了一个特殊的、至高无上的

"环境",即"理念世界"。在理念世界中每一个事物都作为纯粹的、清晰的、永恒不变的理念而存在——也有学者译作"理型""形式"或"相"。理念是原始的"一",而现实世界的多样性和歧义性都是源自现实世界的缺陷。

但问题似乎还是没有解决——即便我们认定某种"一"的存在(无论是把哪一种面相设定为原始的"一"),但毕竟在我们现实的知觉下,相对性和多面性总是存在的。那么,我们是如何可能把现实中的种种面相统一到那个原始的"一"的呢?

现实世界是庞杂和暧昧的,但是我们的认知并不是完全混沌一片。事实上,我们确实能认出事物的"一",这又是怎么做到的呢?

摆在我面前的这一块玩意儿,它可以是建材、素材、凶器、景观,但当我们把它认作某种具体的事物时,我们首先就已经遭遇到了"这一……"。哪怕当我们说面前"一片混乱"时,这个局面也是作为某种"一"而呈现的。

事物之"一"似乎是自动自发地就汇聚起来的,在我们认出事物"作为××"之前,它似乎已经作为"这一个"显现自身。

海德格尔在《物的追问》中说道:"照面着的、自行展示着的,即一般显现着的东西,可以作为与我们面对而立的东西出现,这些自行显现的东西,从一开始就必然具有无论如何都要站起来并自立的可能性。而这种自立的、不支离破碎的东西,就是本身被聚集的东西,即被带到某种统一中的东西。"[①]这一段拗口的话,就是在追

① 〔德〕马丁·海德格尔:《物的追问》,赵卫国译,上海译文出版社2010年版,第169页。

问“一”的由来。当事物摆在我们面前等待我们去把它作为某物来认识之前，它的某种统一性就已经树立起来了。

我们似乎不得不承认，在具体的、相对的认识之前，还有某种“前认识”，使得我们能够把相对性和多面性聚集为“一”。

这又回到了存在论的基本问题，即对“是”的关切——在某物“是什么”之前，它先得“是”。而所谓对事物之“一”的前认识，就是对“是”本身的认识，而这种追究“是之所是”的讨论，就是所谓的“形而上学”。

我们总是通过“学习”来获知事物是什么。我们需要学习什么是建筑，才能认出作为建材的石头。我们要懂得什么是雕塑，才能认出作为雕塑材料的石头。那么，我们要学习什么、掌握什么，才能够认出“是之所是”呢？用海德格尔的话说：“原始的学习是我们从中获取每一个物根本之所是。”①

六　原始的学习

海德格尔所说的“原始的学习”，即具体的经验得以可能的前提，对这种“先于经验而使经验得以可能”的东西的探究，构成了西方哲学史中的又一条主线，即所谓“先验问题”。

这一问题在哲学史上可以追溯到柏拉图的美诺诘难：“一件东西你根本不知道是什么，你又怎么去寻求它呢？你凭什么特点把你所不知道的东西提出来加以研究呢？在你正好碰到它的时候，

① 〔德〕马丁·海德格尔：《物的追问》，第65—66页。

你又怎么知道这是你所不知道的那个东西呢?”①

我们对一块石头展开研究,发现它的各种面相、各种潜能,它是硬的、是重的、能被雕塑、能被筑造、能用作凶器……,所有这些具体的认识都需要被汇聚到这一个东西之上。我们必须能够把新学到的“硬”这一知识,归集到“这一石头”之上。但如果这是一条全新的、我们从来不知道的知识,我们又是何以可能把它恰当地归集呢?我们的知识和经验为什么不是支离破碎的,而是总能够收束起来呢?

到这里,存在论问题似乎延伸为认识论问题,即我们如何能够对某一事物产生认识。但究其本源仍然还是一个存在论问题——事物究竟以何种方式呈现自己?

正如斯蒂格勒所言:“试图回答这个诘难,这本身就是哲学史一切思想,尤其是现代思想的动力:笛卡尔、康德、黑格尔、胡塞尔、尼采、海德格尔等无一不探讨这个问题。现代哲学,从康德开始把这个诘难命名为先验性问题。”②

柏拉图用灵魂不朽来回应美诺的诘难,他提出了著名的“回忆说”,认为“钻研和学习无非就是回忆”③。“灵魂是不死的,而且诞生过很多次,有时在这个世界上,有时在下界度过,见到过各样事情,没有什么不在它的经验之中。因此没有什么奇怪,它能够回忆

① 〔古希腊〕柏拉图:《柏拉图对话集》,王太庆译,商务印书馆2004年版,第170—171页(80D)。

② 〔法〕贝尔纳·斯蒂格勒:《技术与时间I》,裴程译,译林出版社2000年版,第115页。

③ 〔古希腊〕柏拉图:《柏拉图对话集》,第172页(81D)。

到美德以及其余的一切,这是它以前已经知道了的。因为整个自然是联成一气的,灵魂经历过一切,所以只要回忆到一样东西,即是人们所谓学到一件事。”①

柏拉图的意思是,为什么我们能够自发地整理知识,是因为这些知识本来就存在于我们的记忆之中,只是因为降生于这个糟糕的尘世时,灵魂蒙了尘,忘记了许多东西。因此,所谓的学习,就是把掩盖灵智的尘土扫掉,让本已错落有致的记忆呈现出来。

但上述那段来自《美诺篇》的引文仍然还有漏洞,柏拉图认为灵魂之所以全知,是因为它在前世“见到过各样事情”,那么前世的灵魂又是何以可能“见到”事情的呢?前世灵魂积攒经验时难道不还是需要面对学习何以可能这一问题吗?

柏拉图在《斐德罗篇》中给出了一个补充,或者说一个更正:灵魂不是通过它在“此世和下界”的经历,而是通过它在脱离尘世而尚未转世之际,在“天穹之上”周游时,看到了真正的知识,看到了作为一切具体事物之原型的“理念”,从而获得了真知识。而尘世中追求知识的人所寻求的无非是重新唤起灵魂对原型的记忆。

这就是我们前面已经提到的,柏拉图许诺了一个静止不变的、界限清晰的理念世界,这个世界只能够通过灵魂出窍之后用纯粹的理智之眼才能够体验。

但柏拉图似乎是偷换了问题,把对“原始的学习”的追究转移到了对“原始的事物”(理念物)的设定,从而把这个问题中的存在

① 〔古希腊〕柏拉图:《柏拉图对话集》,第172页(81D)。

论部分和认识论部分切割开来了。在存在论方面,柏拉图设定了完美的理念世界来解释事物的统一性,但在认识论层面问题被遗漏了。柏拉图用回忆来解释学习,那么回忆又是如何可能的呢?如何可能“认出”某个事物的问题,变成了如何可能“记起”某个事物,但后一种问题并没有得到回答。柏拉图的理念论支配了数千年的哲学史,但他的“遗忘论”却被“遗忘”了。

七 认识与记忆

直到康德,这个被遗忘已久的先验问题才被重新提了出来,康德否定了柏拉图以来的对“原始的事物”的追寻——即便存在一个理念世界又如何呢?我们现实的人类根本不可能直接看到它,也不可能用实际的语言来有效地谈论它。

康德认为原始的“物自身”是不可感的、不可知的,我们只能相信它存在,但它们并不参与知识的“收束”。我们并不是把经验都聚集到一个不可感知的“物自身”之上,才建立起知识的统一性的,知识的统一性问题必须以别的方式来回应。

康德认为,使得认识得以统一的,不是“物自身”,而是“认识本身”。不是一个原始的、纯粹的物在收束着人类的认识,而是某种原始的、纯粹的“认识形式”形塑着认识。之所以我们能够从混乱的“杂多”中认出“一”,是因为我们的认识总是遵循着某些最基本的形式。

康德认为外感官和内感官最基本的形式分别是“空间”与“时间”。他是如何得出这样的结论的呢?他采用“删剪”的办法,把感官经验中可删的部分都剪掉，剩下的就是纯形式了。他说道："即使你们从自己关于一个物体的经验概念中将经验性的一切：颜色、硬或者软、重量甚至不可入性，都逐一去掉，但毕竟还剩下它所占据的空间，空间是你们去不掉的。"[①]

但这一结论似乎颇为牵强，在很大程度上是一个结论先行的想象。康德所想象的例子恐怕就是拿眼睛去观察一个物体这样的经验，于是可以去掉其质地、温度、气味等次要的印象，保留对形状的记忆。但并不是所有的感觉经验都是这样的。我们不妨考虑一下自己"关于香菜的经验概念"。香菜也属于康德所说的"一个物体"，但是我们对它的"经验概念"中最坚固的也是它的形状吗？未必如此吧。我们不妨仿造康德的句式："即使你们从自己关于一撮香菜的经验概念中将经验性的一切：颜色、硬或者软、重量、不可入性甚至形状，都逐一去掉，但毕竟还剩下它所发出的气味，香菜的气味是你们去不掉的。"

康德继承了当时经验主义哲学的视觉优位的倾向，默认了笛卡尔式的几何化的空间意象，以牛顿力学的风格构想经验知识。因此，他的"删剪法"并不是绝对中立的，他的方法或许可以解释现代数理科学的基本逻辑，但他所总结出来的"纯形式"未必是所有人在所有场合面对所有对象时都通用的。

这部分讨论可以参考《媒介史强纲领——媒介环境学的哲学解读》[②]第三章，在下面我将以更简略的方式讨论相关问题。

① 〔德〕伊曼努尔·康德：《纯粹理性批判》，李秋零译，中国人民大学出版社2004年版，B5。

② 胡翌霖：《媒介史强纲领——媒介环境学的哲学解读》，商务印书馆2019年版。

无论是否同意康德的具体主张，我们至少可以说，康德确实开辟了一条新思路，重新提出了先验问题，并把关注的重点从客体转回了主体。

康德开创了德国观念论（也译作唯心主义），而所谓“观念”并不是像柏拉图的“理念”那样，存在于一个独立的理念王国之中，观念是属于认识主体的，而恰恰是认识主体的内在能力统合了纷杂的经验。

在康德那里，对经验赋予秩序从而使之获得统一的是“先验统觉”。康德认为，认知活动是两个方向的结合，一是由外而内，人从外部接受繁杂的感觉经验；二是由内而外，从统一的自我出发为经验赋予秩序。“接受性惟有与自发性相结合才能使知识成为可能。”这种为经验自发赋予秩序的过程，就是所谓的“三重综合”——“自发性就是在一切知识中必然出现的三重综合的根据，这三重综合就是：作为直观中心灵变状的表象的把握、想象中表象的再生和概念中表象的认知。”[①]

在《纯粹理性批判》的第一版（A版）中出现的“三重综合”概念，在修订版（B版）中被康德做了大幅改动，取消了三重综合这一说法。虽然康德本人认为他并没有对自己的观点做实质性的改动，但这一修订引发的争议非常大。有些学者认为A版写得更好，有些学者认为B版确有改进，争执不休。

我们不必深入微妙的哲学文本细节之中，简单的结论就是，康德关于三重综合的表述至少是容易引起混乱的。另一方面，所谓

① 〔德〕伊曼努尔·康德：《纯粹理性批判》，A97。

的三重综合，恰好与“记忆”有关。

斯蒂格勒就认为，康德把第二综合即“再生”，与第一综合即“把握”搞混淆了。

康德认为“把握的综合”指的是“通观杂多，然后合并之”[①]。而“再生”指的是过去的印象在思维中再现，康德的例子是，比如你在思想中画一条线段，总是从起点画到终点的一个过程，但如果当我在想象中画着后半段时，划前半段的印象已经完全失去了，那么我就无法想象出一整段连头带尾的线段。

但所谓的“通观-合并”，难道就不需要“再生”了吗？通观一条线段，把起点与终点合并起来看待，难道不是也需要不停地“再生”吗？否则当我从头看到尾时已经忘了自己看过起头，那也通观不起来吧。

斯蒂格勒认为，胡塞尔用“第一滞留”与“第二滞留”更准确地区分了康德的第一综合和第二综合。这两种综合方式本质上都是“记忆”，第一种情形是当下即时的记忆，而第二种情形是事后回顾的记忆。

比如，当下观看一条直线，看了后段没忘前段，或者当下听一段声音，听了后半声没忘前半声，从而能够把直线认作“一条”“一段”，把声音认作“一声”“一音节”。这种当下经验的统一性是依赖“第一滞留”来建立的。

第二种情形是事后的回忆。比如，我回忆起昨天听过的音乐，昨天见过的石头，这种再现更接近于我们一般所说的“记忆”。

---

① 〔德〕伊曼努尔·康德:《纯粹理性批判》，A99。

康德的问题是他混淆了两种“记忆”，在讨论“再生”时他有时候举的是即时想象线段的例子，有时候又说的是回忆过去某一天的经历。但斯蒂格勒认为，胡塞尔矫枉过正，又过度强调了这两种“记忆”的区别。事实上，这两种记忆总是交织在一起的。

八 记忆的剪辑

胡塞尔讨论第一滞留时，围绕的例子主要是一个“单音”，一个单音是一段绵延。在听见声音响起时，我们就会有所预期。而听到声音的尾声时，已经过去的“响起”的记忆仍然滞留在意识之内。“前摄”与“滞留”总是在每一个当下汇聚，构成“晕圈”式的结构。

但斯蒂格勒指出，单音和线段是过分简单的例子，确实能够说明经验的统一性问题，但并不足以代表更多的复杂情形，比如观看一块石头、思考一座山、听一段歌词、回忆一部乐曲等。斯蒂格勒批评胡塞尔过早地“放弃了乐曲”，转而关注“单音”的连续统一体，而这让“一切都步入歧途，因为单音在乐曲中毫无意义”[①]。

第一滞留在聆听一段乐曲的时候也同样发挥作用，我们并不是听着一个接一个蹦出来的单音，不但每个单音具有统一性，而且一连串单音也构成了一个统一体。我们每时每刻只能听到一个音符，但我们能够意识到我们在欣赏一段乐曲。

石头、建筑之类的经验对象也类似，我们每时每刻只能看到它

① 〔法〕贝尔纳·斯蒂格勒：《技术与时间Ⅱ》，赵和平、印螺译，译林出版社 2010 年版，第 236 页。

们的某一侧面，但我们却把这些经验"认作"是关于某一统一体的经验。

而在这类体验中，第一滞留与第二滞留的界限又重新变得模糊了。比如，我听到咪、咪、咪、哆四个音，在我听到哆时，前三个咪还滞留在我意识之内，使得我听到的是一段旋律，而不是支离破碎的几个杂音，这就是第一滞留的功劳。但是我回忆起以往的经验，想起来这是命运交响曲的开篇，于是我又能够把我正在聆听的一段旋律当作命运交响曲的一次新的演奏来欣赏，这又是第二滞留了。而一旦我把这段音乐当作命运交响曲来听，当我听到第二乐章时，第一乐章的经验仍然滞留，我才能把这一番体验当作一场演出或一段音轨来看待，这又回到了第一滞留的问题上。

在这里，我们发现由于第二滞留随时介入，第一滞留的方式也会被重新组织。只有我记得交响曲或命运交响曲，我才能够采取恰当的欣赏态度，注意到不同的经验细节。

一个不知道建筑是什么的人，不会把一块石头当作建材来把握。一个没听过交响乐的人，不会把一段旋律当作交响乐章来欣赏。一个经常听音乐的行家，可能在当下经验中发觉更多的细节。当下经验的聚集方式，由过去记忆的唤起方式所裁剪。如果一个人缺乏过去的经验，当下的经验可能是极其混乱杂多的，很难从中识别出统一的对象。

我们通过唤起过去的记忆，来重新裁剪当下的经验，让聚焦和辨认出一个个具体的事物得以可能。而另一方面，过去记忆的"唤起"同样也是一个"裁剪"的过程。斯蒂格勒以电影为喻，称之为"剪辑"。

我听到几个音符的时候，就回忆起我曾经多次听过这一乐曲的经验，而并不需要花费一整首乐曲的时间来唤起回忆。我回忆昨天一下午做了些什么事，也不需要再花费一下午的时间。之所以回忆是有可能的，是因为我们可以对经验做“剪辑”。

那么，我们是凭借什么对经验做出剪辑的呢？答案就是依靠“技术”。

这个“技术”首先可能是我们运用身体的技术，我们通过转动脖子、聚焦双眼在庞杂的经验中选取特定的重点。但除此之外，所有外在的技术都是某种剪辑方式的固定化。我们如何可能记住某“一首”乐曲呢？如果说“命运交响曲”是“一首”曲子，这恰恰意味着它能够被多次演奏，在不同的时间或空间重复出现，否则我们根本就不会有“命运交响曲”之类的知识。因为我们有技术——乐谱、乐器、唱片、电脑等——能够重复地演奏同一首曲子，我们才会学到“同一首曲子”的观念。

这些外在化的技术形成有形的“记忆容器”，把一定的记忆“刻录”在器物之上。哪怕一把锤子都是一种“记忆容器”，诸如手指的抓握形态、锤打的手法、钉子的一般大小等知识，都以某种方式被锤子的物理形态记录下来，并且当某人拾起一把锤子时，能够以某种方式重新激活，指引人们去复现特定的操作经历。这些经验记忆甚至可以通过外在的器物在人与人之间传承。

锤子这样的简单工具都不例外，更何况文字、录音、影像等复杂的记忆载体。每一种记录技术首先都是一种裁剪方式，文字记录舍弃了口语中纷杂的语调、节奏等信息，加入了更多的条理化和抽象化。口语通过裁剪而形成文字记录，反过来，文字记录又重新形塑着口语。正如柏拉图在《斐德罗篇》中那个更经典的寓言中，法老萨姆斯所说的："文字损害记忆。"习惯于文字将会潜移默化地改变人的记忆方式，因此一个有文字的社区相比一个从未有文字的原生口语文化而言，思维和言语的风格会有显著的变迁。[①]

让我们回到康德的思路：经验之所以得以统一，是依靠内在于主体的观念，人通过重新裁剪记忆，为经验赋予秩序。

我同意上述思路，但康德的问题出在，他只允许唯一的一种终极的裁剪方式——即裁剪一切直到只留下时间和空间（而且是欧几里得意义上的几何化时空）。

而我们看到，康德的裁剪方式实质上来源于一套特殊的技术，那就是以牛顿力学为代表的现代数理科学训练。而记忆中没有经历过现代数理科学训练的人，是难以像康德那样有裁剪经验的。例如，亚里士多德就认为"冷、热、干、湿"才是物体最根本的属性。

我们不妨把康德的方法"多元化"——让康德忽略物体的颜色只记起其形状的认识形式，与让我忽略香菜的形状只记起其气味的认识形式，都是不同记忆的剪辑方式。并没有唯一的、绝对的、一劳永逸的、四海皆准的剪辑方式。各种各样的剪辑方式体现为"技术"，并且经常能够固化为技术器具，每种技术都蕴含了一套可以被学习回来的剪辑法。

---

① 参考〔美〕沃尔特·翁：《口语文化与书面文化——语词的技术化》，何道宽译，北京大学出版社2008年版。也可以参考《媒介史强纲领——媒介环境学的哲学解读》第八章。

九 尘世中的轮回

至此，我们能够回应柏拉图的问题了吗？我们探究出让事物作为统一体被我们把握的前提，即“原始的学习”是什么意思了吗？

柏拉图本人不可能接受我们的答案，因为我们并没有找出一个终极的地基，找到一个具备绝对的确定性的原始原则。相反，我们似乎陷入了一个循环——我们之所以能够对物质所是有某种先行的把握，是因为我们能够在记忆中进行剪辑和整理，而这种剪辑的能力来源于那些外在的作为记忆容器的技术器物。但那些技术器物难道不也是由人制造的吗？人之所以能够制造那些记忆容器，难道不还是因为人们早已对相关的事物有所认识、有所记忆吗？

内在的记忆与外在的记忆互为源泉，互相形塑，并不存在一个绝对的优先者。但这并不是一个恶性的循环，因为它并不是发生于静态的数理逻辑世界，而是发生于现实的历史之中。就好比说先有鸡还是先有蛋的问题，引出的并不是矛盾，而是整部鸡的进化史。而我们对于内在记忆与外在记忆互为条件的追究，引出的也正是整部人类史或技术史。

这部历史并不需要以某个理想的天国为基础，一切循环都发生于尘世之内。

于是，我们不妨重新改造柏拉图的答案。正如柏拉图在《美诺篇》中的回答那样：“前世”的记忆是现世知识得以可能的根源；也正如在《斐德罗篇》中所描述的那样：使得遗忘和记忆得以可能的，正是灵魂超脱到躯体之外再返回到躯体之内的轮回经历。

然而这个躯体之外的游历之所并不是什么天穹之上的理念王国，而正是我们的“外部环境”，正是通过由技术造就的物质环境，人一生下来就能够拥有无穷的“记忆”。

我们成长过程中接触的每一个家具、玩具、课本和文具，都承载着“前世的记忆”，“学习”的过程就是不断去“激活”那些“前世记忆”。而我们通过记录和创造的活动，又可以把自己的记忆遗留在外部，以便传承给“来世”，留待后人去激活。

这里并不需要任何超自然的设定，不需要预设灵魂或天国，我们谈论的就是尘世中的人类与技术的历史。

我们将在第三章继续讨论人类与技术如何在历史中互相成就的问题。在这里，我们仅就第一章做一个简短的总结：我们从最古老、最经典的哲学问题出发，从存在论到先验问题，最终把问题转换到了“技术史”。但这并不意味着我们放弃了“哲学”，我们甚至从未放弃对“永恒”的真理的追求。只不过我们终于意识到，支撑着“永恒”的恰恰是流动的循环，而不是固定的基础。技术哲学把古典哲学从天国打落凡尘，破除了绝对主义的僭妄，而让哲学扎根于大地之上。

第二章　技术是人的延伸

一　什么是技术？[①]

在前一章，我们从“是之所是”“知识何以可能”等基本的哲学问题出发，追问到了“技术”。但我们更多的是把“技术”当作回答而非问题，并没有更多地追问究竟什么是技术。在本章我们就回到“什么是技术”这一问题，做一些初步的讨论。

在前一章字里行间，“技术”关联了几层含义。一是协调、控制感官和身体的技艺、技能；二是有外在产品的制作活动，如雕塑、建筑等；三是“技术器物”，指外在化的、有形化的物质装备。

“技术”一词串联了以上“能力-活动-器物”三重含义。当然，这类概念不少，比如“语言”，但基本都能归入广义的“技术”范畴。

我们可以初步给出一种回答：技术首先是人的某种能力，而这种能力是能外在化的，在个人之外留存或传递。

借用麦克卢汉对“媒介”的定义（在麦克卢汉笔下媒介和技术经常是同义词），我们不妨说，技术是“人的延伸”。这个定义提示出技术“由内而外”的特性——从人的内在能力出发向外延伸。

---

① 相关内容可以参考胡翌霖：《什么是技术》，湖南科学技术出版社2020年版。

我把“人的延伸”说成是一个“定义”，即我不仅把它看作对技术的一种解说，还看作某种“限定”。也就是说，任何一种技术，总是人的某种延伸；同样，人的任何一种延伸方式，也总是某种技术。

当然，一般的词典里并不会这样定义技术，比如在《现代汉语词典》中，技术一词有两个义项：“(1)人类在认识自然和改造自然的反复实践中积累起来的有关生产劳动的经验和知识，也泛指其他操作方面的技巧。(2)指技术装备。”

这个定义细究起来是颇让人困惑的。首先，什么是改造？什么是生产？什么是劳动？什么是经验和知识？这些概念中似乎已经蕴含了“技术”的存在，另外，即便这半句定义是准确的，那么它与后半句又如何联系呢？如何就能够“泛指”了呢？假如前半句说的是某一特定操作方面的技巧，而后半句也泛指其他操作技巧，那么这个逻辑还是通顺的。但前半句既没有说操作，也没有说技巧，怎么就突然泛指过来了呢？第二个义项更是一个自我指涉，“技术装备”这个词组中的技术二字又是什么意思呢？如果我们按照第一个义项来解释“技术”，也就是“某种经验和知识”，那么第二个义项应该就相当于“经验装备”“知识装备”，但这又是什么意思呢？

《现代汉语词典》中的两个半句和一个词组，三者分别看似乎都能说通，但连起来看就令人迷惑了。

“人的延伸”理顺了这三者间的关系，“内在的经验-操作的能力-外在的设备”也正是反映出从人出发向外延伸的各个层次。

现代汉语中的“技术”是西学东渐时受西方词汇影响而形成的。在古代，有“技”“工”“器”“术”“法”“门”“道”“艺”“机巧”等许多相关的词汇，但没有一个词能够直接与现代的“技术”对应。事实上，相应的西方词汇也有其发展历程，可能是直到19世纪才逐渐形成我们今天比较熟悉的含义（随着信息技术的发展，其实近几十年这个概念又有所变化）。

英语中的technology是含义最为现代的，《牛津英语词典》干脆释义为“科学知识的实践应用”，而另一个词technique保留了更多技能、技巧的意思。在古代和现代早期，人们使用更多的是“技艺”（art）一词，含义比现代的艺术或技术都宽泛得多，数学、语文、绘画、音乐、木匠、戏剧表演、军事指挥等都可能称作art。

无论是中文还是外文，技术一词现代含义的形成显然是工业革命的后果。工业革命之后，知识的外在化、器物化变得更加普遍、迅速和直接。我们反过来从那些外在于我们的宏伟机器那里，看到了我们人类的“知识”和“能力”。

二　来回“摩擦”

尽管“技术”体现为人的能力和感知由内而外的延伸，但我们恰恰需要从外部才能最鲜明地看到“技术”的存在。好比说我们总需要在镜子中才能够最清晰地看到自己的眼睛和表情。

因此，“技术”直到最近的时代才变得如此突显，成为醒目的主题，这是因为它的外在部分的规模和力量变得越来越大。

作为“外物”的技术环境并不总是如臂使指，在许多时候技术反过来成为“阻力”，给人们的交往和实践制造阻碍。

在今天这个日新月异的社会，让我们“应接不暇”的技术环境就是如此，它似乎让我们的生活日趋便利。但同时，要获得便利，要求我们不断学习新技术，否则技术的迅速更迭反而会成为生活的障碍。比如手机支付对于年轻人是便利，但对于老年人却是障碍。

前文说到技术是对记忆的剪辑，而向器物中刻录记忆和从器物那里激活记忆都不是顺滑无痛的，在内外的交互中总是发生着摩擦或碰撞。

老年人似乎更不善于学习新技术，这一点大多数教过长辈上网的年轻人都会同意，但这是为什么呢？另一方面，小孩子特别擅长学习新技术，只要给他一部手机，一不留神就自学成才了。但是，老年人显然比孩子有更多的经验和知识储备，除非患上阿尔兹海默症，一般而言老年人的智力并未衰退，逻辑思维能力并不比幼儿逊色。但为什么在面对新技术时如此迟钝呢？

这一谜题提示出理解人与技术关系的关键点——内在的经验和知识未必总是构成学习新技术的有利因素，在许多时候反而是经验越多，摩擦越大。

麦克卢汉一句“媒介即讯息”的格言脍炙人口，而他本人后来半带调侃地把它变成“媒介即按摩”——“媒介其实是按摩(massage)而不是讯息(message)，它给我们沉重的打击……以野蛮的方式给我们大家按摩。”[①]

麦克卢汉讲的“媒介”基本上就是我们正在讨论的“技术”，不过媒介一词更加突出这种“内外之间”的居间界面。而在这个居间

---

① 〔加〕马歇尔·麦克卢汉：《麦克卢汉如是说》，何道宽译，中国人民大学出版社2006年版，第53页。

界面中发生的是什么呢？——“按摩”。麦克卢汉要强调的是“技术环境”总是反过来对人施加强有力的影响：“一种媒介造就一种环境。环境是一个过程，而不是一层包装的外壳。媒介是行为，它作用于神经系统和我们的感知生活，完全改变了我们的感知生活。”①

技术不是一个只要套上就能随心所欲的“外壳”，而是一种“压力”，我们需要经受住强有力的影响，才能够适应一种新技术。而我们的内在世界越是坚硬、越是牢固，在新技术的摩擦之下就越是痛苦。这就是老年人在技术时代遭遇苦难的缘由，不是因为他们过于软弱，而是因为他们过于成熟。相反，幼儿的内在世界尚未成型，柔软可塑，因此无论怎么大力按摩都能适应。当然，幼儿刚刚开始与整个外部世界相“磨合”时，一定也是颇为痛苦的，要不怎么婴儿们成天都在哭泣呢？

不能“心想事成”，不能一切“顺滑”，我们和外界打交道的过程总是充满摩擦，饱受阻力。这就是人类的命运，随着他降生时的第一声嚎哭开始，每个人就在不断与外部世界相互摩擦。

技术就好比人与自然界相互摩擦下形成的“战场”，人类需要痛苦地与技术环境相磨合，但这总比直接把婴儿抛到野性的大自然中更舒适一些。在技术环境之中又形成了层层嵌套，以至于我们需要切身掌握的技术往往是比较舒适的。但即便如此，在人学习、使用和制造技术的每一个环节，双向的摩擦无处不在。

人希望外部世界尽可能地顺滑，于是通过技术改造世界，迫使

① 〔加〕马歇尔·麦克卢汉：《麦克卢汉如是说》，第 62 页。

世界适应自己；而世界又有其不以个人意志为转移的固有禀性和惯性，因而反过来塑造着人类，迫使人类适应世界。整个层层叠叠的技术环境，就是在人与外部世界不断摩擦的悠久历程下堆积起来的战果。

三　延伸人的边界

以上的讨论中，我们实质上提出了形如“内部世界（经验、知识）-技术/媒介-外部世界（大自然、物质环境）”这样的三元结构，而技术是在“内部”和“外部”之间摩擦的战场，同时也是连接的中介。

但在前文中，所谓的“人”似乎只属于“内部世界”，是整个线段的端点。但如果人始终被困在“内部”，那么他如何可能与外部世界建立联系呢？

笛卡尔设想的“我”就是这样一个纯粹的“端点”，它没有大小和重量，它通过大脑中的松果腺与整个物质世界相连接。很多现代人或多或少地延续着笛卡尔的思路，顶多是认为整个大脑就是人类“自我”之所在。

但这显然不是日常生活中每个人实际上的“边界”。比如，当我说“别碰我”的时候，意思显然不是“别碰这个松果腺”或“别碰这里的大脑皮层”，这句话中的“我”包括我的整个身体，经常也包括穿在身上的衣服。

当我说“我正在吃饭”时，意思也不是说，在一片虚空之中，有一个孤零零的大脑，有一坨悬浮空中的米饭，然后这两坨东西不知怎么碰到了一起。显然,"我正在吃饭"时,我一般拿着筷子或勺子,坐在椅子上,而饭一般盛放在碗里,碗放在桌上……

无论我做任何事情,都不可能直接"心想事成",即便存在某种躲藏在大脑深处的"灵魂",它也无法直接触及万物、支配世界。我总是要通过某些媒介并在某种环境之下才能够与"对象"打交道。

但这个媒介也并不是像一堵墙那样,横亘在主体和客体之间。而更像是一片"战场","我"和"客体"在其中厮杀搏斗,互相嵌入,难分彼此。

在这战场中的障碍物,即技术,有时与主体联盟(如筷子和手),有时与客体结伙(如碗和饭),推动着"交战"的过程。

"我吃饭"是一个缩写,展开来说,就是"使用筷子的我"吃着"盛在碗里的饭"。这被缩略掉的东西,也就是"技术",正是让主体与客体以此种形式(吃)发生交互得以可能的条件。

在这个意义上,"人的延伸"有了更深刻的含义,即延伸"人"的边界,以便与世界打交道。

上述观点有点像分析哲学家安迪·克拉克提出的延展心灵(extended mind)理论[①]。他认为人类的特长就是能够把技术和工具融合进思维之中,在进行思考时,人并不是被锁在一个与外界无涉的内心世界,而是时时向外求助,手握记事本的人与记事本构成一个整体,一起进行思考。

不过从现象学的传统看来,延展心灵论并不新鲜,海德格尔讲

---

① Andy Clark and D. J. Chalmers, "The extended mind", *Analysis*. Vol. 58, No. 1, 1998: pp. 7-19.

的“此在”(人)“在-世界-之中”的特性,就已经明确表达了心灵并不是一个孤立的点。而在现象学的发端,也就是胡塞尔那里,也已经有了类似的洞见。胡塞尔在分析几何学的起源时,心灵并非纯洁无瑕的白板,包括测量技术的发展在内的几何学史在心灵中沉淀下来。

为现象学运动奠基的“意向性”学说,揭示的就是这片主体与客体之间的“战场”。所谓“意向性”,是说意识并非自我封闭,每一个意识都指向某种外部对象。意向性学说提示出,我们不仅要关注意识活动的起点和终点,更要关心“意指方式”本身。

用海德格尔的话来说:“一切现象学的行为分析都这样去观察行为:分析并不真正地亲证行为,并不探究行为的专题性意义,而是使行为本身成为主题,并借此让行为的对象及其如何被意指的方式一同成为主题。这指的就是,被感知者不是自身直接地得到意指,而是通过其存在方式得到意指。”[①]

这种“非直接的意指”就是媒介性的意指,所谓“存在方式”,就是使认识得以可能的“技术”。我们已经讨论过,“技术”包含由内而外的多重层次,可以呈现为某种内在的能力,也可能呈现为某种外在的器物。而相应地,“意指方式”也不再限于某种内在的大脑或身体机能,它也可以在外在的技术器物中呈现出来。

于是,无论是克拉克的延展心灵论、麦克卢汉的媒介论,还是现象学的意向性理论,都殊途同归地揭示出了技术器物的“人性”

① 〔德〕马丁·海德格尔:《时间概念史导论》,欧东明译,商务印书馆 2009 年版,第 132 页。

面相。因为技术是人的延伸——不只是无关痛痒的皮毛增生，更是人心灵和意识的延伸——那么当我们以哲学的视野去分析技术时，实质上就是在反思我们自己。正如麦克卢汉所说："人的技术是人身上最富有人性的东西。"[①]

四　透过现象看现象

分析技术就是反思自己，但这种分析并不容易。比如，我们如何对"电视"展开分析呢？第一种是"日常态度"，人们关注的是电视中播放的"节目"，人们谈论"电视"，谈论的是媒介所传达的"内容"——哪个节目好看，哪个频道糟糕……但我们并没有讨论"电视"本身的意义。第二种是"科学态度"，科学家或工程师把电视机拆开，讨论其中的成像原理、电路结构，但这也远离了"电视"的人性意义，一个没看过电视的人再怎么清楚其机械结构，也难以体会电视对人类的生活意味着什么。

现象学的分析有别于上述两种态度，它既需要我们观看电视节目，"透过电视看节目"，但又不能完全穿透电视，让电视成为中性的传输管道，而是要把电视本身也纳入主题。这正是海德格尔所说的"让行为的对象及其如何被意指的方式一同成为主题"，这是一种微妙的态度、游移不定的态度。

现象学的运思总是带有类似的微妙性，因此经常被人误解，认为其晦涩难明。在这里我以自己的理解来解说一下，在我看来，现

① 〔加拿大〕马歇尔·麦克卢汉：《麦克卢汉如是说》，第196页。

象学的态度就好比骑自行车,虽然需要时时保持微妙的平衡,但其实并不特别困难。

汉语喜欢讲究“顾名思义”,现象学顾名思义就是以“现象”为焦点的学问。什么是现象呢?网上随手搜出的含义是:“事物表现出来的,能被人感觉到的一切情况。”

现象的日常含义就包含了两层意思。一是“表现出来”——现象从事物的“内部”“出来”而到了“表面”。与“本质”相对,“现象”是某种在事物外部流露出来的东西,“现象”是本质的外显。第二层意思是现象是被人“感觉”到的东西,是能够被眼、耳、鼻、舌、身触及的东西。在这方面“现象”与理性认知相对,只是感性的知觉。

这两层含义是相互构成的,因为人们往往认为,现象背后的“本质”是要通过感官背后的理智来把握的。

如下所示:“理智-(感觉-表象)-本质”。中间的括号中就是“现象”的位置,现象就是“被感觉到的表象”。感觉无法直接触及本质,反而理智能够穿透现象,用心灵之眼“看”到本质。

理智被认为是“人”的本性,现象构成了“人自身”和“物自身”之间的帷幕。

于是,哲学家们要寻求真理,那么一方面要让灵魂打破肉体的牢笼,让理智不受感官的干扰;另一方面要让真理穿透现象的遮蔽,把纷乱的表象拨开以便深入本质。

因此,感官也好,表象也好,都是人认识本质过程中的阻碍,是有待穿透的东西,这是人们的日常理解,是自然而然的态度。在这种自然态度中,“感官-表象”被打上了括号,变成某种只需要穿过、越过,但并不需要深入解析的中介通道。

人们只关注本质是什么,至于中介通道,对于真理的认识而言没有建设性。比如,我们可以通过眼睛观看某物,也可以通过手指触摸某物,我们可以关注某物的发热现象,也可以关注某物的发光现象……。但在以上这些不同的通达方式或显现方式之间,这个“某物”始终是不变的。“某物”是现成存在的,它一直都在那里等待人去挖掘,本质的存在虽然总是躲在“幕布”背后,但与幕布的性质或结构毫无关系。即便我们偶尔也需要去分析幕布的结构或者感官的特性,但这只是为了更畅通无阻地穿过它们,而与认识本质没有关系。

说到这里,我们就注意到,把“现象”置于焦点是一件了不起的事情,这是对日常态度的逆转,是把目光的焦点滞留于通常要被径直穿过的部分。我们需要透过现象,但不是紧盯着“本质”,而是回旋过来,始终关注“现象”这一中间领域。

现象学的方法与其说是“加括号”,不如说首先是拆括号,把原本被括起来的(感官-表象)打开。相反,把原本被目不转睛地注视的所谓“本质”放到括号里,存而不论。

所以现象学首先就是这样一种关注焦点的切换,这种切换说高深也不高深,它并没有彻底颠覆一般常识中的“现象”概念,甚至可以说它仍然承认“人-现象-本质”这样的认识结构,只不过注目的焦点滞留于或回旋到原先的“中间环节”。

但更进一步就有些激进了,现象学把这个“中间环节”视作优先的存在。“人”和“本质”这两端不再被认为是固定不变的现成存在。相反,这端点恰恰是通过抽象、构建和极端化而得到的。并不是先有了那个“X”,然后我们通过各种不同的方式去触及它,它通过不同的媒介显示给我们。相反,这个“X”的存在是我们在各种呈现方式之间总结提取出来的东西,是我们通过符号化的思维设定的东西。

因此,这个X不是已经实现和完成了的现成物,仿佛所有的属性都早已附着在X上面,然后等待人们一点一点去发现。相反,与其说这个X是现成在场的东西,不如说是一个缺席留白之位置,这个“空位”可能不断地由感官和意向去填充。甚至这个“空位”都不是现成固定的,它的边界和性质都是有待构成的。

这样一来,那些躲在“幕布”背后的“本质”,不再与幕布的性质或结构毫无关系,相反,剥离开幕布之后剩下的只是虚无。帷幕本身是有厚度的,帷幕的结构决定了留白的空间,帷幕的阻滞决定了显现的方式。于是,现象学的目的不再是千方百计地去穿透或撕开帷幕,反而是要在帷幕之中探寻事物的奥秘。

五　反思要趁热

那么,要怎么样才能去探究这个作为中介的帷幕呢?当然,我们需要进行“反思”,但这种反思并不能再通过一种现成化的观审。例如,我们再将中介设定为对象“Y”,我们把X搁在一边,但又树立起了Y,这又有什么两样呢?我们很快会发现,对于这个Y我们仍然需要通过中介去认识,那就还需要追究某个“Z”……

当然,这些对Y、Z的探究并非没有意义。比如,事物通过仪器显示出来,我们可以进一步研究仪器的结构;图像通过视力被观察到,我们可以进一步研究眼球的结构。这些研究当然是有意义的,但无法帮助我们直接去理解原本的现象。例如,我们再怎么细致地告诉一个盲人眼球的结构如何,这个盲人就因此理解视觉了吗?眼球的确是视觉现象的条件之一,然而眼球究竟扮演着怎样的角色,这个问题光靠把眼球作为一个现成物体拆解下来研究,是难以理解的。

关键在于,作为媒介条件的眼球,和作为客观对象的眼球,其扮演的角色已然不一样了,其差距好比尸体与鲜活的肉体之间的差别。

不是说"死体解剖"对于理解"活体"毫无意义,关键在于再多的客观研究都需要纳入某种超越的角度,才能得到综合。例如,只有对于那些对眼球之于视觉的意义早已有了某些先行理解的人来说,对眼球的解剖才可能被理解为对视觉的分析。

研究现成的客观对象是具体科学的任务,然而把对各种 X、Y、Z 的分析集中起来,并不能自然而然地得到对"Z 通过 Y 看到 X"等现象的理解。要把某一现象拆解为 X、Y、Z 等相对独立的环节,或者把各自独立的对 X、Y、Z 的研究统括起来,这就是现象学的视角了。

现象学不是"死体解剖",而是把活体作为研究对象,现象学研究生活本身。

然而,我们如何可能不把眼球当作一个客观的球体拆解开来,而是在完整而鲜活的视觉活动中理解眼球的意义呢?我们需要对视觉现象做某种非对象化的或者前对象化的思考。也就是说,我们不能把眼球从视觉活动中剥离开来,而是在保持视觉之"活动"的同时展开反思,这样才能体会到眼球在整个"活动"中的建构意义。

这就是张祥龙说的"随做而识的热思，不是做后才识的冷思"[①]。在看的活动中把握看的结构。这种"热思"之所以可能，是因为人的思维本来就不像计算机程序那样"单线程"，在"看"的同时，人的意识本来就不是一门心思地直冲向目标对象的，即便是最专心投入的活动中，人的意识都存在"冗余"。张祥龙所谓带有"盈余"的、溢出的随附意识，但"盈余"这个词太褒义了。事实上，这种盈余在许多时候确实表现为干扰和杂音，是现成化认识中有待排除的部分。比如，我们盯着某一事物看的同时总是不能完全不看其"背景"，我们可以对视野中无关紧要的部分"视而不见"，但它们仍然顽固地存在于视野之内，而且随时可能让你分心。

如果真正分心了，转移了焦点，注目于另一个事物了，那么这无非是从现成的 X 转向了 Y。问题在于，更多的时候"分心"仅仅是作为可能性存在，那些可能让你分心的东西，在你尚未分心之际，就已然存在于你的视野里了，它们不仅在你分心时起作用，而在你专心致志时也在发挥作用。某一事物得以显示的"背景"，在其喧宾夺主地转移你的视线之前，对于你的"专心致志"恰恰可能是发挥着积极的作用，背景衬托出主题，恰恰是恰当的背景才能使特定的对象成为焦点。

眼球的存在也是视觉现象的背景，在我们"看"的同时，我们也始终在感受着眼球的存在，因而在看不清楚即"眼花"时，我们会自觉不自觉地揉眼睛。"擦亮眼睛""瞪大双眼""目不转睛""一眨不

---

① 张祥龙："什么是现象学"，《社会科学战线》2016 年第 5 期。

眨”……，这些专注于视觉对象的方式，恰恰就是控制和调节眼睛的方式。这暗示出我们不仅在分心不看的时候注意到我们的眼睛，而且在专心进行视觉活动的同时，也始终对眼睛有所注意。

我们只有在这种作为视觉现象的冗余意识的眼球觉知中，才能真正理解眼球在视觉活动中扮演的角色。当然其中的冗余意识不仅包括眼球，还包含丰富的结构和层次。当然眼球只是一个极端的例子，更恰当的例子包括眼镜、电视、录音带等各种技术媒介。

当我们“看到一个对象”时，我们意识到了这一对象，但在这一视觉现象中蕴含的意识超出了这一对象，我们不仅意识到了这一对象的结构，还意识到了“看”这一活动所附带的各种结构。传统哲学把这些冗余意识视作干扰而排除，而现象学则试图抓住这些冗余意识，它不是添乱而是“盈余”，是有待挖掘的宝藏。

这里讨论的内容也和第一章中“一”的问题呼应，现象学最根本的一项洞见就是，“一”不是现成地、孤立地、赤裸地摆在眼前的X，“一”是在直观中综合的结果；而这个被综合而成的“一”，是有“历史”的、有“结构”的，这些历史和结构在使“一”得以综合的技术媒介中沉淀下来。

现象学把（感官-表象）打开了，展开出复杂的结构和层次，类似于“（感官-（记忆-技术-环境）-表象）”。

技术记录记忆，形成历史，历史沉入教学，而教学训练了感官；记忆制造技术，形成物质环境，而环境突显了对象。

以上线性的图式只是一种最粗略的示意，关键在于现象学打开了这种在意向的“厚度”中回旋反思、在意识的不透明性中深入追究的思维方式。

六　当生活“卡住”时

作为一种特别关注事物的“呈现方式”的反思方法，现象学是不难接受的。但更进一步，如果把现象学看作一种基本的存在论立场，那就可能引起更多争议了。也就是说，现象学认为，呈现方式比呈现内容更加本源。用海德格尔的话来讲，就是说“存在”优先于“存在者”。

前几节我们讨论了主体的“延伸”，即所谓主体不是一个孤立而封闭的端点，而是延伸于身体和技术之中的。另一方面，所谓的客体或对象，也不应被视作固定的“端点”，或者说，它们之所以能够被“视作”端点，依赖于我们以何种方式去“视”。

当然，我们不能用上帝的视角来理解这里的“优先性”，并不是说有一个超然于万物之外的衡量尺度，在这个绝对尺度下，呈现方式先于呈现对象。所谓的优先性，是基于我们所追问的“存在论问题”而言的。也就是说，当我们追问“某物究竟是什么”时，回答的立足点在哪里？

在我们生活的世界中，作为客体或对象呈现在我们面前的是哪些东西呢？诸如椅子、桌子、电视机、记事本等，它们都可以作为“客观对象”出现在我们面前。但另一方面，它们又可以作为透明或半透明的“背景”或“媒介”。例如，我通过电视看节目、借助记事本记录符号、在桌边吃晚饭时，节目、符号和饭才是“对象”，而电视、本子和桌子成了对象得以呈现的背景。那么，作为对象的电视和作为背景的电视，哪一种才是“电视之所是”的基础呢？海德格尔认为是后者。

他说：“在世界的际会结构中，那有着首要作用的东西，不是物，而是指引，而如果要以‘马堡学派’的用语来表达这一实情，那么就得说：不是实体，而是功能。”[①]再换一种麦克卢汉的用语来说，那就是“不是内容，而是媒介”。

所谓指引，指的就是技术的功能性或媒介的中介性，电视呈现节目，桌子把饭菜引向食客。饭菜作为饭菜而被人把握，是通过炒锅、碗筷和桌椅这一整套“指引整体”而显示的，而在塑料袋、垃圾桶等组建的另一套指引整体下，被人把握的对象就是“湿垃圾”了。

“饭菜”和“湿垃圾”谁更优先呢？我们把饭菜丢掉从而变成湿垃圾，但乞丐可能把湿垃圾抢救回来，变成饭菜。当我们试图把握这一坨东西究竟是什么时，无论是“饭菜”还是“垃圾”，都只是某种作为“结果”的名称，真正“优先”的对事物之所是起到决定作用的，是“指引整体”。

我们当然也可以把事物放到物理实验室中，当作一个完全中立的客观物体，或者当作原子或分子的集合来考察。但这也仍然是另一套“指引整体”，实验室这种指引整体并不比饭桌或垃圾桶更加特殊。

当我们试图理解某物之所是时，立足的基础在于指引整体，而不是在特定地指引整体下呈现的对象，这才是我们与“物”打交道的优先方式。

---

① 〔德〕马丁·海德格尔：《时间概念史导论》，第276页。

海德格尔说："操持性的打交道而不是一种漂浮无根的和孤立的物感知。……指引是让物当前显现的东西，而指引本身又是通过指引整体才得以当前显现或昭显的。一个物的可把捉状态进而对象化状态是以世界之际会为根源的，而(物的)对象化状态却并非(世界的)际会的前提条件。"①

通俗来讲，意思无非是"整体优先于部分"，一个一个的对象是从作为整体的生活世界中被截取出来的，而不是说这个作为整体的生活世界是由一个个各自独立的对象拼凑出来的。

举例来说，并不是我预先把握了筷子、饭碗、桌子等一个个对象的种种属性，然后才开始吃饭；而是我首先就会吃饭，然后才可能把握这些相关的对象在生活世界中的位置。"世界的际会"是原始的，而对象化状态是衍生的。这种两种状态，就事物而言，海德格尔区分为"上手状态"和"现成在手状态"。

之所以前者是"优先"的，是因为后者实质是前者的一个极限状态，即"中断"。上手的中断让对象浮现。比如，我稀里呼噜地吃着饭，在这个活动中我操作着筷子、摆弄着瓷碗、倚靠着桌椅，但所有这些物件都没有作为对象而呈现。"在最直接的日常打交道之际……物隐没到了联系之中而不突出自身。"②

而当吃着吃着嘎嘣一声，筷子断了，我停止扒饭，捏着损坏的筷子观审，这时候筷子才作为一个扎眼的"对象"在我面前呈现。

海德格尔举出了"触目、窘迫和腻味"等"中断"方式。顺便说

---

① 〔德〕马丁・海德格尔：《时间概念史导论》，第 261 页。

② 同上书，第 257 页。

一句,海德格尔的哲学语言其实是非常“俗”的,许多哲学术语其实就是很日常的土话,包括“此在”(dasein)之类的看似高级的术语,其实字面上也就和“这货”“内玩意儿”差不多意思。在解读海德格尔哲学时,不必太把特定术语当回事,这些词汇都要放到他的整体思路之下才有深意。

触目、窘迫、腻味就是非常日常的概念。比如,我吃饭,吃着吃着飞过来一只苍蝇停在白米饭上,这就是“触目”;吃着吃着筷子折了夹不动菜了,这就是“窘迫”;吃着吃着吃腻了一看碗里怎么还剩那么多肉,这就是“腻味”。以上不同的“中断”方式,都让我们从上手的、顺滑的吃饭活动中抽身而出,把某种原先不可见或隐而不显的东西突出为“对象”。

生活的基本形态是整体的、流畅的,而只有当生活的世界在某处“卡住”时,“对象”才突显出来。

七　让人膨胀的语言

除了窘迫、腻味之类,还有一种更通用、更万能的中断方式,那就是语言。当我们要用语言表达出吃饭的经历时,我们就自然地从吃饭活动中抽身而出,以某种客观的角度去观审筷子、菜肴等一个个独立的“对象”。我们的每一个语词都是对生活世界的一种切割,是对某一特定对象或其特性的一种截取。

之所以很多人以为实体优先于功能,内容优先于媒介,正是因为他们预先把语词本体化了。

从康德以来,许多哲学家认为,我们无法讨论“事物自身”,事物只有在以某种方式向我们呈现时，才能被我们把握。但人们会说，我们明明可以谈论“事物自身”啊，因为我们只要给任何东西标记一个符号，起一个名字，我们就可以谈论它了。

语言很容易让任何事物变成“内容”和谈论的“对象”，而且语言也很容易自我指涉，用语言标记语言，用语言谈论语言。因此，在语言搭建起来的迷宫中，我们很容易迷失方向，自以为能够谈论一切。

比如，我们预先设定了“独角兽”这个词汇，然后可以用大量的其他词汇去谈论它。但这个作为谈论对象的东西，我们所指向的可能是这个作为对象的词语本身。

语言也和其他技术一样，延伸着人的边界，构成了人与事物打交道的界面。但这个界面尤为庞大，简直构成了一个无所不包的独立世界。人依靠语言，也变得无限“膨胀”，他可以通过语言，把整个地球和任何遥远的星辰都纳为“对象”。

在碗筷、桌椅构成的指引整体中，饭菜作为饭菜呈现出来。而在整个语言系统构成的指引整体中，似乎一切事物都可以成为焦点。

但是碗中空无一物时，碗筷再精致也无法吃饭；而当言之无物时，语言再精细也将是空洞虚幻的。但由于语言的整体太过庞大，通过语言对语言的指涉，建立起层层叠叠的概念迷宫，导致哪怕某个对象是完全空洞的，我们也可以针对他说出无数话语。

那么，如何拨开语言的迷雾，避免空洞的言说呢？许多人仍然要投靠“实体”优先的信念，认为让一套话语言之有物的，是那个确实存在的“物”。但是，什么东西才算是确实存在呢？这又回到了早前的问题——事物的“存在”就是在恰当的技术环境下呈现。除了语言之外，任何一种呈现方式也同样会出现虚假和空洞，并没有一个全知的上帝来向我们保证事物能够脱离于任何有限的呈现方式而独立存在。

语言以及依托于语言建立起的科学理论体系，和任何其他技术工具和媒介环境一样，都是我们与事物打交道的一种方式。我们通过可重复的技术来学习关于事物的知识，这些知识永远也达不到绝对的可靠性，所有的技术都是有限的。

语言这门技术的特殊之处只是在于其无所不包的通用性，但并不在于它能够让人直接把握真理。“真理”并不是由一句句的命题构成的。语言和其他任何技术用具一样，也有上手状态和现成状态之分，也和其他用具一样，上手状态是更优先和更原始的状态。当我说“苍蝇”，然后你顺着这个词的提示注意到了在饭菜上空飞的苍蝇并挥手驱赶时，语言的意义就得到了恰当的传达。

如果说真理是一种“符合”，那么它指的不仅是命题与真相之间相符合，还是任何呈现方式的符合。一件工具在一种活动下合用、趁手，这就是“符合”。海德格尔说：“原始的解释过程不在理论命题句子中，而在‘一言不发’扔开不合用的工具或替换不合用的工具的巡视操劳活动中，却不可从没有言词推论出没有解释。”①

语言能够在普遍的情境下“合用”，在根源上奠基于这些默会的、不成文的“解释”方式，我们进而把这些解释的行为与特定语词

---

① 〔德〕马丁·海德格尔：《存在与时间》，陈嘉映、王庆节译，生活·读书·新知三联书店2006年版，第184页。

建立指引关联，语言才是言之有物的。

任何一种技术都是记忆的外化和人性的延伸，语言和文字也不例外，但它们仍然是中介性的。也就是说，当我们穿过它们指向事物时，语言和文字才发挥了如其所是的作用。

语言的确是一种最特别的技术，但我们切不可把它的“通用性”误解为“绝对性”。

现代人往往陷入过度的符号抽象，以至于把语言及其符号本体化，结果就是把通用变成了绝对。比如，“货币”即所谓“通货”，无非是最通用的货物，在交换活动中，价值总是一个相对比较的结果，买卖双方拿一种货物与另一种货物相对照，评估交易是否值得。其中有一些货物，如黄金，最常拿来当作参照物，于是就变成了最通用的价值的衡量物。但无论如何，“价值”只有在具体的交换活动中才有意义。但有些人误把通用的货物看作绝对的尺度，于是就认为我们可以脱离任何交换活动，预先赋予每个事物一个客观固定的价值，这就陷入了误解。语言也是类似，它能够在最普遍的“中断”活动或者说“解释”活动中适用，但并不意味着它所提供的就是唯一的绝对的“解释”。

八　人即延伸

不只是狭义上的用具或语言，任何事物都可以分为上手使用的、实际活动的状态和现成固定的、对象化的状态。

“人”也不例外。海德格尔在《存在与时间》中固执地不愿意用“人”这个词，而要用“此在”，就是为了避免现成的对象化的方式来理解“人”。在海德格尔看来，此在的本质是“生存”，不是一个有确定边界的物理学对象，也不是一个有明确定义的生物学对象，这些对象化的认识都是衍生的，是对人的实际生活进行“中断”而得来的。

人的生活贯穿着操心、操持、操劳……，这些海德格尔术语通俗但不好理解，庸俗化地讲，我们也不妨就作字面的理解。也就是说，人并不是在一个孤立的与世无涉的封闭空间中生活，人的生活方式就是不断地有所牵挂。与其说生活包含着繁忙操持，不如说生活就是繁忙本身。

于是，与其说先有一个孤立的“人”存在，然后通过技术把这个人延伸到各个繁忙操作的境遇之中，不如说繁忙活动本身就是“人”的本质，而那个作为与技术相对立的对象被反省出来的“人”，是衍生品。与其说人被延伸，不如说人即延伸。

海德格尔说：“此在不能在它自己的或远或近的环围中环游，它所能做的始终只是改变远近之距。”[①]意思是，人并不是悬浮于技术环境之上的外在观察者，而总是置身事内，调节着“延伸”的边界。

所谓“改变远近之距”，并不是指几何学意义上的空间距离，而是指在用具之间指引链条中的关系。比如，摆在面前的油画可能比鼻梁上的眼镜更“近”，而当我们摘下眼镜举到面前擦拭时，反而让眼镜变得切近了。人通过各种“操作”，改变着事物的“距离”，从而引导不同的事物以不同的方式呈现。

---

① 〔德〕马丁·海德格尔：《存在与时间》，第126页。

学界有不少针对海德格尔的批评，认为他前期虽然遮遮掩掩地不愿意称"人"，但还是带着较深的人类中心主义倾向，反而是后期自由地讨论"天地人神"时，"人"的地位不那么中心了。

的确在《存在与时间》用具指引整体中，人既是起点又是终点，占据了枢纽的位置。但平心而论，这种特殊地位也不是没有道理。

在海德格尔看来，人是独特的"发问者"，他不仅生存着，还反思着自己的生存、筹划着自己的生活。这种自我反思和自我筹划，立足于人的"时间性"，因为人是一种以自己的"未来"来规定自己的存在者。

海德格尔说："此在在其存在中已经先行于它自身了。此在总已经'超出自身'，并非在于对另外一个它所不是的存在者有所作为，而是作为向它自己本身所是的能在的存在。"[①]"它的本质毋宁在于，它所包含的存在向来就是它有待去是的那个存在。"[②]

用通俗的话来说，人也是一种独特的"用具"，其目的在于"生产"，但它生产的对象并不是一个外在的东西，而是自己，它指向的是"自我实现"。

海德格尔区分了自我实现的人和指向外在目的的器物，但这一界限并非总是那么清晰。事实上，在海德格尔看来，一般人在大多数情况下都是"常人"，即随波逐流的"工具人"，他并没有真正关切自我实现的问题，他关切的是如何满足他人的要求和匹配社会的需要。另一方面，技术作为人的延伸或镜像，在某种意义上也是

① 〔德〕马丁・海德格尔：《存在与时间》，第221页。
② 同上书，第15页。

有"人性"的,除了作为被动的工具之外,可能也具有某种意义上的自主性。特别是到了工业时代,技术体系的逻辑与其说是实现人类的目的,不如说是不断维持和加速自身的运转。工业时代下工具与目的的逆转问题,我们还会在本书后半部分讨论。

九 自恋狂还是熊孩子

包括语言在内的任何技术,都是一种"表达"方式,因为它们延伸的不仅是人的能力,也包括人的意志和目的。人在操作和生产活动中,表达着自己的意志,实现着自己的目的。

技术引导着我们的表达,把我们的意志结构化、常规化。"人的技术是人身上最富有人性的东西,"[①]麦克卢汉说,"无论这个延伸是鞋子、手杖、拉链还是推土机,一切延伸形式都具有语言的结构,都是人的存在的外化或外在表达。就像一切语言形式一样,它们都有自己的句式和语法。"[②]

于是,当我们面对技术造物时,我们看到的是人类的能力、意志和目的。

麦克卢汉引用了希腊神话中那喀索斯的故事。那喀索斯被称作"自恋狂",因为他迷恋上了自己在水中的倒影。但麦克卢汉辩解说,那喀索斯其实并不自恋,而是缺乏自知,因为他没有意识到水中的镜像就是自己,所以才会陷入迷狂。麦克卢汉呼

---

① 〔加〕马歇尔·麦克卢汉:《麦克卢汉如是说》,第196页。

② 同上书,第195—196页。

吁人们努力理解技术，认识技术中的人性，这样可以让现代人免于狂热。

什么才算从镜像中认出自己呢？关键可能就在于有没有激发“反省意识”。比如，在许多针对动物和婴儿的镜像实验中，做法就是在动物的额头上贴张纸片，它照镜子后能想到伸手摸自己的头，那就说明它在镜中认出了自己；如果它千方百计要去折腾镜子，那么它就多半没有认出自己。

当然，狭义的镜子只是自我投射的一种方式，而且是视觉中心主义的方式。人们公认的通人性的狗都通不过镜像实验，这并不能证明狗在任何意义上没有自我意识。事实上，狗懂得撒尿来圈地盘，他闻得出“我的尿”和“他者的尿”的区别，这也是一种在外物中“认出”自己的方式，只不过是嗅觉中心主义的。

对于人来说，镜子也不是唯一能够在外界认出自己的方式。事实上，任何一种技术都是如此。甚至可以说，所谓学会一门技术，就是在这门技术运用中认出“自己”。

比如，一个木匠使用锤子砸椅子，和一个熊孩子挥舞锤子砸椅子有何不同呢？因为木匠砸的都是他“自己”——例如，这是我的目标、这是我的工作、这是我想要修好的椅子、这是我想要砸碎的核桃、这花瓶砸坏了我就惨了……

如果在挥舞锤子时没有这些自我意识，在周围环境中认不出“我”的投影，只是乱砸一气，那就并不是人与锤子应当建立的恰当关系。

对自我的认识时刻引导着我的操作，我根据我的意志和需要，根据我的手感和兴趣，不断调整我挥舞锤子的手法。而一个熊孩子即便有自我意识,也是混沌不清的,在挥舞中往往只是听任锤子本身的惯性。

如此看来,现代人面对技术时,究竟在多大程度上保持着自我意识呢？如果当技术体系顺畅运转时,人类只是千方百计想着顺应和加强它的惯性;当技术体系出现问题时,人类想到的只有不断改进技术本身,只懂得用新技术解决问题,极少反省和检讨自己,那么确实可以说,现代人并非自恋,而是缺乏自知。

第三章 技术与人性的起源

一 人的本性是什么？

我们说过，本书以“由深入浅”的方式推进，现在我们已经度过了最艰深的两章。前两章我们讨论的都是存在论或认识论领域的大问题，这一章的问题也不小，但之后的讨论会相对轻松得多。

我们认为，技术就像是人的镜像，思考技术就是在反思人性，那么下一个问题就是，究竟什么是“人性”？

任何民族都少不了对人性的反思。中国古代有所谓性善论和性恶论之争，有人与禽兽之辨。许多时候，人性问题往往不是一个事实问题，而是一个价值问题，与政治学或伦理学密切相关。

西方人也不例外，在古希腊，亚里士多德宣称“人是城邦的动物”。也就是说，由自由的公民所组建的城市生活是最符合人的本性的。也有许多人认同“人是理性的动物”，也就是说理性的思考和言说能力是人之为人的关键特征。

到了近代，随着技术的发展，另一种定义开始占据上风，那就是“人是制造和使用工具的动物”。这一定义同样也暗合价值意蕴，那就是说，实践高于空想，创造高于辩论，借助工具征服自然和改造世界是现代人的最高价值。

近代以来，西方的政治哲学也都建基于某种人性论假说之上，也就是关于人的“自然状态”的设定。霍布斯认为，人类最原始的状态是一场所有人对所有人的“战争”；洛克认为人类最初处于完美的理性状态；卢梭则设定了著名的“高贵的原始人”概念，认为原始人虽然缺乏科学和技术（或者说正因为缺乏科学技术），但保持淳朴，平等相待，之后人类的道德水平随着技术的发展而滑坡。

以卢梭为代表，这类人性论假说往往同时包含三重意义，一是实际状态，二是极限状态，三是理想状态。

实际状态（历史学维度）是指人类历史的实际起源历程。在这方面，卢梭的态度有些暧昧，他并不坚持认定完美的原始人是实际存在过的历史阶段，甚至有意要“悬置历史”，把人类的本质归为先验问题来探讨，但另一方面他也经常援引一些人类学的证据来支持自己的论点。

极限状态（哲学维度）是指这种自然状态不一定要是实际发生的，而是像数学证明那样做一个极端推演，从极限状态推导出一般状态。霍布斯的战争状态更像这种设定，卢梭的原始人也多少包含这层意义。

理想状态（价值论或政治学维度）是指关于人类应该是什么样的这样一种理想目标的设定。霍布斯的战争状态显然不是理想的，但卢梭的自然状态却是追求的方向，卢梭希望人类能够回归最初的淳朴和平等。

历史、哲学和价值这三重意义总是纠缠在一起，难以彻底划清界限。

因为就生物进化史来说，从猿到人是一个连续谱，并没有绝对的分界线。按照一般的分类学方法，我们可以按照生殖隔离、基因变异和解剖学特征来区分物种与物种的界限，定义出直立人、智人等概念。但问题是，我们之所以追究人的起源，与追究任何一种其他物种的起源并不等价，生物学层面的区分并不能够满足我们对“人性”持有的价值立场。

人类起源问题在价值层面就是要回答，我们究竟要把哪些物种认作“我们”。毕竟我们对待一个猿猴和一个人类的态度极为不同，前者被赶入深山或圈进动物园，而后者则享有自由平等之类的政治权利。那么，这个“我们”究竟是从直立人还是从能人、尼安德特人算起呢？动物分类学并不能直接提供答案。

好在那些身份暧昧的物种早都灭绝了，我们今天不必费心研究应当把谁送去动物园的问题。但无论如何，我们关于“人的本性”的问题终究是不可避免地夹杂着价值维度。

因此，我们就需要引入哲学，把历史问题和价值问题统一起来。比如，我们可以设定一个人之为人的至关重要的本质特征，再根据这个特征在历史中划出界线。比如，如果“直立行走”是最本质的人性，那么“我们”就应该从直立人算起；如果“制造工具的能力”是最本质的，那么“我们”的起源就应该是能人；如果最本质的是“语言”，那么我们还需要去追究语言能力的定义和起源；等等。

卢梭的“自然状态”尽管经不起推敲，但他的问题提法是有意义的。我们现在仍然不妨从卢梭出发，追究人性起源的问题。

二 人的起源或发明

卢梭试图从人的起源处寻找人的本性，因为他相信人的本性是不变的，那么我们就需要把人身上那些可变的东西剔除出去，也就是文化、技术、艺术等。排除掉这些在历史中逐渐出现的多样性，就能够找到最原本的人性了。于是，卢梭沿着技术史（卢梭说的是更广义的艺术史）向上追溯，追溯到没有技术的原始状态，他就认为这种状态下的人是最接近其本性的了。

这种方法与康德寻求纯粹的认识形式异曲同工，以删剪变化的方式找出不变性。我们在第一章就讨论过，整个古典哲学传统对“永恒不变”的迷思该被打破了。

人不可能起源于某种静止不变的状态，因为既然静止不变，那么之后的变化又是从哪里来的呢？卢梭设定的完美的平等状态是拒绝变化的，于是这种设定不但在实际历史中找不到，在逻辑上也讲不通，因为这将引发巴门尼德式的悖论——变化起源于不变。

斯蒂格勒就认为，卢梭的设定还需要解决“第二起源”[①]的问题，即如果一个原始的、平等的、静态的状态是“第一起源”，那么人又是从哪里开始走出原始、偏离平衡、开启历史的呢？

无论是从历史上看还是从逻辑上讲，人类的“起源”不应该是某个瞬时事件或者某个静止状态，而也应该是某种“运动”。这种

---

① 〔法〕贝尔纳·斯蒂格勒：《技术与时间 I——爱比米修斯的过失》，裴程译，译林出版社 2019 年版，第 126 页。

“运动”提供着持续的甚至是源源不绝的动力，推动着人类历史的发展。

这种“源头”，正是卢梭所认定的导致人类堕落的罪魁祸首——“技术”。卢梭已经看到了技术是堕落之源，但他所谓的堕落不正是人类的发展史么？技术造成了差异，而差异推动了变化，这正是人类历史性的由来。

但技术难道不是人的造物吗？技术的起源难道不是人类吗？的确如此，所以我们只能说，人与技术互为起源、互相发明。

从人的生物学史来说，我们所属的人科、人属、智人种依次出现。人科动物以直立行走为标志，最早在500万至800万年前出现，脑容量约500cc；人属动物以制造工具为标志，因此称作能人或匠人，大约在250万年前出现，脑容量约640cc；智人种在解剖学上接近现代人，以庞大的脑容量为标志，大约出现于25万年前，脑容量约1400cc（尼安德特人可能是智人种的亚种或近亲，脑容量更大）。

上述历程提示，人类并不是因为需要使用工具而直立行走，但直立行走确实“解放双手”，从而为使用工具创造了可能性。使用工具在最初也未必是一件多大的生存优势，有人猜想，石器最初被用于敲开骨头以吸食骨髓，因为弱小的人类只能抢大型猛兽吃剩的骨头。但使用工具激励了人类智能的增长，促进了脑容量的增大。最后当人类大脑成长到一定程度后，又反过来加速了技术的发展。

我们可以把能人的出现定作人的起源，但设置一个精确的时间点也并不重要。更重要的是，如何理解这整个可以被称作人类起源的数百万年的进化历程，人类的进化方式有哪些特别之处。

我们将看到，由于技术的出现，人类的进化史不再能够按照一般动物的进化史来理解，我们必须结合人的生物史和技术史来理解人类进化，技术史让人类的“遗传”和“变异”有了新的维度。

三 人人生而残缺

人为什么进化出了直立行走的能力，这一点众说纷纭。一般认为最初人的直立行走并不是为了使用工具（因为工具的使用相对更晚）。有一种说法是，直立行走让人更善于长途跋涉，因而追猎和迁徙中获得了生存优势。但这种生存优势也不算特别显著，毕竟除了长跑快一点之外，人类的爆发力、灵活性、杀伤力、敏锐性等在动物界都排不上号。

但直立行走需要付出许多代价，更容易腰椎间盘突出和膝盖受损只是其中相对轻微的部分。直立行走给妇女的生育带来了极大痛苦，为了适应于直立行走，妇女的骨盆结构并没有给新生儿的脑壳留下宽裕的空间（更不用说人类的脑壳也在越变越大），这就导致人类的生育变得尤为困难。直至今天，因难产或产后出血等原因造成的孕妇死亡，仍旧是欠发达地区育龄妇女的主要死亡原因。

有人认为，为了和直立行走相妥协，与其他灵长类相比，人类的婴儿孕育时间更短，出生时体重更轻，每个人都是“早产儿”。

无论是不是早产儿，人类的幼年期确实是又长又弱，光是学会跑路就得好几年。成长到成年人的体型需要十几年，在很长时间内幼儿与成人在体型上有巨大的差距。

另一方面，人类有拥有生物界极罕见的老年期，一般动物的衰老是迅速而短暂的，在野生环境下几乎不会遇到更年期（也就是失去生殖能力），但是人类在失去生殖能力之后仍有几十年的寿命。虽然远古人类的平均寿命很低，但主要是受早夭和难产的拖累，一旦平安活过更年期，预期寿命还是可观的。这就是为什么原始部落也总会有“长老”存在。

而我们知道，老年人和幼儿一样，在身体能力上都是孱弱的，他们在觅食方面并无优势，反而需要其他青壮年的抚养和照料。但从生物学的进化论而言，一切生存优势都应当体现到繁衍后代上面，一种特性如果并不有利于繁衍后代，那就难以被进化史保留下来。那么，缺乏生育能力和觅食能力的幼儿和老人，究竟有什么进化优势呢？

要理解上述生物学特性，我们需要引入技术史，因为人类有了技术这样一种需要在后天学习的外在特长。

技术让天生缺乏尖牙利爪的人类获得越来越大的生存优势，但技术却不是天生就会的，这就需要隔代传承。一旦我们考虑到技术的传承，即教学活动时，幼年期和老年期的违和之处就都容易理解了——漫长的幼年期正好适合学习，而显著的体型差让幼儿更容易顺从长辈的管教；而老年人以经验而非体力取胜，身体的衰弱反而利于节省粮食，专注于看顾和教育幼儿的事业。

于是，斯蒂格勒与卢梭正好相反，卢梭设定了一个完美无缺的状态作为人的起源，而斯蒂格勒认为恰恰“缺陷”才是人的本质。人一出生就是不完整的、残缺的，因此依赖于后天的补足。

斯蒂格勒阐发了围绕爱比米修斯的希腊神话——话说众神创

造万物时，爱比米修斯负责为各种动物分配技能，如熊的力量、豹的速度、鹰的眼睛等，动物们各有所长。但爱比米修斯大手大脚，没留神就把技能分配完了，最后剩下一个物种没有技能可给了，于是可怜的人天生孱弱无能，连御寒的皮毛都没有。爱比米修斯的哥哥普罗米修斯看不下去了，想帮弟弟善后，就从工匠之神那里盗取象征技艺的火种传给人类，这才让人类有了谋生之道。

和卢梭构想的黄金时代一样，爱比米修斯的故事当然没有真实发生，但给出的隐喻却是有现实意义的。

从进化论角度讲，遗传突变往往形成的都是“缺陷”，但偶尔某种缺陷具有更强的适应力，就慢慢衍生出新的物种，对旧物种而言的先天缺陷对新物种而言就成了生存优势。只是导致人类这一物种诞生的“缺陷”尤为特别，它自始至终都体现为先天的缺陷，必须依靠后天的补足。

四　宏观的遗传物质

人类有着双重的“起源”，即先天（生物）和后天（技术）这两个维度的起源，第二重起源也被斯蒂格勒称作“后种系生成”，我们也不妨把它称作“后-物种起源”。双重起源也引出了人类的“双重进化”，即生物史与技术史。

我们在第一章就讲到，后天的学习之所以可能，是因为人类的记忆能够存储在外部世界，由人类的技术造物承载和传承。每一件木器或石器都是可传承的，他们也是人类需要适应的对象。

人类这一物种不仅要和同类打交道、和大自然打交道，还需要与工具打交道。人类不仅要适应大自然的严酷环境，还需要适应前人留下的技术环境。

技术器物既是人的适应对象，也是人的“遗传物质”。

达尔文主义的进化论拒绝“获得性遗传”（事实上并非绝对如此，但大体来说确实没错），意思是说，人出生之后的各种后天努力并不会改变遗传给后代的基因。但是人类与大部分动物不同，人类除了基因之外，还能给后辈留下“遗产”，祖辈留下的斧子和房子都能够被后代继承——当然，是后天地继承。但无论是分子层面的遗传物质还是宏观的遗传物质，无论是先天的遗传还是后天的遗传，它们共同决定了后代的成长方式及其“习性”。

这两种“遗传”并非完全独立，宏观的遗传物并非永远不会影响人类的基因，因为技术环境同时也构成了后人需要去适应的对象。

比如，当前辈们努力制造弓箭、给后代留下更多的弓箭时，那些天生更善于学习弯弓射箭的人就取得了生存优势，而那些天生肉体强健但头脑迟钝、不善于学习射箭的人，其生存劣势就越来越大。

人类的脑容量越变越大，恐怕就是技术环境的筛选结果。大脑更发达的人在缺乏技术工具的环境下未必有生存的优势，反而可能有更多的夭折。但在环境中的技术遗产越来越多之后，善于学习才变成一项生存优势。

技术开辟出的独特进化线，让人类后天的，除了繁衍以外的努力，有了恒久的意义，使得人类独特的时间观念和价值观念成为可能。

人类懂得朝向长远的筹划，这也是人类的一大特色。鸟类建巢，蜘蛛织网，河狸筑坝，许多动物也会改造自己的生存环境，但相对而言，动物的修建和改造往往就近取材，也并不做无用之功。而人类更善于未雨绸缪，规划长远。考古学发现，古老的能人就懂得长距离携带石片，石片的出产地到最终使用石片的地方甚至可能有十几公里。许多原始遗迹中的材料都来自遥远的地方，甚至可能是原始贸易的结果。也就是说，人类经常是在短期内用不上某种工具时，就会预先把它制造出来，“留存备用”。

制造与使用相分离，使得制造本身也成为一种目的。于是，人类不仅发明了各种有利于觅食的工具，更发明了专门用来制造工具的工具。

在人类的生活世界中，“间接性”越来越普遍，许多活动都不再直接指向觅食、繁衍等动物性本能，而是一个长远的筹划链条中的一个环节。技术世界日益复杂之后，超越于直接目的的艺术品和象征物也得以可能。

人类的“超前”意识或者说时间意识，正是来源于技术器物的“遗传性”。学习是把遗传物内化的过程，而技术创造则是把后天的记忆和努力外化的过程，内在与外在两条进化线既相对独立，又互相塑造，形成了人类史与技术史的统一历程。正如斯蒂格勒所言：“内在不可能先于外在而存在，内在和外在都在同一个运动中构成。”①

① 〔法〕贝尔纳·斯蒂格勒：《技术与时间 I——爱比米修斯的过失》，第 167 页。

五　人性观与技术史

我们已经把人类史和技术史联系在了一起，人的本性源于“缺陷”。也就是说，它从未固定成型，而是随着技术的发展，人不断以新的形式补全，人的禀性和习性也随之变迁。

人性与技术的互相牵扯显然并不仅局限于原始人的阶段，人类文明崛起之后，更是成为历史的主题。

芒福德在1934年出版的《技术与文明》一书，就开辟了技术史与文明史相整合的历史视野。芒福德认为，以往的历史学家和考古学家持有一种片面的人性观，导致他们“对早期技术发展的单向度的解释”。于是，芒福德呼吁“改变这种态度，更充分地解释人的本质和技术环境之间的关系，因为两者是共同进化的”[1]。

芒福德所说的这种片面的人性观是现代人特有的。因为现代人对机器太依赖，对征服自然过于热衷，所以他们更加关注冰冷的机器和攻击性的武器，而不是其他形式的技术。这种偏好直接影响了现代人对整个人类史和技术史的理解。

现代人的人性观有两种表达形式，一是唯脑论，二是唯工具论。前者认为“人是智慧的、理性的动物”，强调人类的理智能力；后者则认为“人是制造和使用工具的动物”，强调人的技术力量。芒福德认为，这两种人性观是一丘之貉，同样反映了现代人的傲慢

① 〔美〕刘易斯·芒福德：“技术与人的本性”，韩连庆译，载吴国盛编：《技术哲学经典读本》。

与偏见。现代人依靠科学技术征服自然、改造世界，唯脑论和唯工具论无非是把侧重点放在科学还是技术上的区别，共同点都是推崇人类征服一切的强大力量。这正是所谓的“求力意志”(will to power)所支撑的狭隘的人性观。

芒福德注意到，这种偏见不仅影响着人们对现代文明的理解，也渗透在人类对原始文化或古代文明的理解。在考古学中，人们也贯彻这种趋势，那就是“特别关注技术中的工具和机器，完全忽视了同样重要的容器。这种观点没有注意到容器的作用，这些容器包括炉膛、贮藏井、棚屋、壶、陷阱、篮子、箱柜、牛栏以及随后发明的沟渠、蓄水池、运河和城市”。除了广义上的容器技术，技术还有其他许多用途，如游戏、装饰、庆典等，芒福德认为，早期人类的许多技术实践“都不是出于控制外在环境的目的，他们关注的是对身体构造的改变和身体表面的修饰，以便强调性的成分、自我表达或群体认同”①。

在数十年后的今天，考古学界当然已经比芒福德那时候更加开放、多元，但芒福德的批评也并未完全过时。除了现代人的偏见之外，文物本身的偏差也影响着研究者的重心。例如，石器远比木器、竹器更容易留存，越是古老的遗迹就越是以石器文物为主。但尖锐的石头一般都用于攻击性的武器，而容器技术、装饰技术等往往都使用竹、木、花、草等极易腐朽的材质，因而极难形成文物，更不用说游戏、庆典等场合下运用的身体技术了。考古学和历史学就像是在路灯下找钥匙的活动，哪里亮光更多哪里就被研究更多，

① 〔美〕刘易斯·芒福德:“技术与人的本性”，载吴国盛编:《技术哲学经典读本》。

但研究的偏向并不能真实反映人类生活中的偏向，被研究得最多的技术未必是当时人类生活中最重要的技术。

因此，芒福德写作技术史，并不过多地依赖实际证物来叙述，而是夹带了许多个人的思想洞见。这种写法当然也会引起实证主义者的诟病，但在芒福德看来，过多讲求实证未必能换来更加中立的态度，我们还需要从更高的维度去反思各种证据的意义。

芒福德的人性观是有机论和整体论的，这方面他和斯蒂格勒有共通之处，认为人不像其他动物那样各有“专长”，而是能够把各种各样的“专长”融合其中的包容能力。他说：“没有任何一种孤立特性——甚至包括制作工具——能够充分体现人类特征。人类专有的、独一无二的特征在于，人类能够把范围极其广泛的各种动物习性融合成一种涌现的文化整体，即人的个性(human personality)。”①

六　技术不只是征服自然

殖民主义的、求力意志的人性观强调征服和控制，而芒福德更强调包容和协调。在芒福德看来，即便要征服和控制，人类主要面临的控制对象也不是外在的自然界，而是人类自身。在芒福德那里，诸如游戏、仪式、舞蹈、纹身、服饰等都是人进行“自我控制”的技术。

① 〔美〕刘易斯·芒福德：《刘易斯·芒福德著作精萃》，唐纳德·L.米勒编，宋俊岭、宋一然译，中国建筑工业出版社2010年版，第399页。

人类的技术活动首先在于控制自己的身体、情绪和感官，其次在于协调社会关系、维系社会组织，最后才谈得上向自然界开拓。

芒福德重新评估各种技术的优先性，他认为“技术从一开始就是以生活为中心的，而不是以工作为中心的，更不是以力量为中心的”①。

如果说生活以丰富性为美，工作以效率为上，而力量以破坏性为尺度。那么衡量某种技术的好坏，首要地应当从它能否促进人类生活的丰富性来评估，而不是从它能施展多大的破坏性、征服性力量来评估。

发展技术的首要目的是让生活更丰富，这一点打破了传统技术起源的神话。一种流行的神话认为，原始人的生存环境艰难，需要与大自然对抗，在顽强抗争并最终征服自然的过程中，人类发展出了各种技术工具。在今天的中文语境中，“征服自然改造自然”这个咒语般的短语仍然反复出现，提示出技术的意义。

芒福德反对这种神话，他相信，原始人过得好好的，没那么大的生存压力，反而是过剩的心理能量需要发泄，因此才需要发展技术，让生存之外的额外欲望得以安置。

因此，游戏、艺术、宗教等生存之外的超越性需求，才是技术发展的最大原动力。

芒福德的新神话和旧神话一样，更多的只是一种修辞手法，而很难找到确凿证据。相比而言，芒福德的神话或许更加可信一些。

---

① 〔美〕刘易斯·芒福德：“技术与人的本性”，载吴国盛编：《技术哲学经典读本》，第497页。

从进化论的角度来说，一种习性如果能够维持种群繁衍，达到生态平衡，那么本身也并没有艰苦不艰苦的问题；非要说“和自然斗争”，那么每种生物都在和自然斗争，但这并不构成技术发展的动力。技术的发展要不断打破既有的平衡，改变固有的习性，这就需要某些内在的动力来解释。

考古学也为芒福德提供了一些佐证。例如，最早的驯化植物是无花果。芒福德认为驯化活动并不是为了争取粮食，现在看来丰产的粮食作物在原始的野生状态往往并不那么显著，原始人很难看到可观的粮食收益，反而更可能是“花园”先于“农田”，人类的爱美之心和装饰活动促成了最早的驯化活动。

另外，对现存的狩猎采集部落以及原始人粪便化石的研究表明，采集者营养丰富、食谱多元，且劳动强度不高；而且原始部落的食物主要依赖采集植物、昆虫和小动物，大型动物的狩猎更像是类似游戏或仪式的集体活动（篮子比石矛重要，游戏比工作重要）。

致幻作用的植物总是受到各地人类的欢迎，酿酒技术也源远流长，甚至有人认为“火”在原始生活中也有致幻的意义——在洞穴中生火导致轻微的一氧化碳中毒，以至于一些原始洞穴壁画可能是迷幻状态下的作品。

直到今天，游戏和时尚仍然是推动新技术发展的主要动力。自行车和汽车最初用于贵族的竞速比赛，手表最初作为女士的时尚配件而推广，计算机和互联网为了游戏和社交需求而不断迭代……

这些需求和目的或是沉迷，或是高尚，但都超越于单纯的生物学需求之外。人类如果只顾及自己的生物学需求,即填饱肚子、繁衍后代、向自然界争取生存空间,那么很难想象人类能够创造出如此丰富多彩的技术世界。

芒福德说:“人类发明、创造以及改变自然环境活动中的每一个阶段,与其说是为了增加生活资料的供给,或者还有,为了控制自然界这些目的,还不如说……最终目的是为了更加充分地实现自身超越生物性的追求和理想。”①

芒福德虽然有浓郁的人文主义情结,但他并不像许多浪漫派那样,整个反对“技术”,崇尚回到某种卢梭式的原始田园生活之中。相反,芒福德歌颂技术,只是强调技术的多元面相,远远不止征服性、力量型的技术这一种形态。

七 理想的人和理想的城市

但是难道人就不需要借助技术去改造自然了吗?攻击性技术或刻板的机械技术都是坏的吗?当然并非如此。芒福德反对的是以偏概全,从特定的方向去理解技术的意义,从而忽略了人类生活的其他丰富面相。技术是丰富的,包含游戏、艺术与仪式,当然也包含征服改造和机械化劳动。在芒福德看来,机械技术能够提供“及时的矫正”,让人们免于陷入过度的迷狂。关键在于,各种技术形态应当协调共融,达成平衡。

就每一个个人而言,其理想的“人性”也不是用一句话或一个

① 〔美〕刘易斯·芒福德:《刘易斯·芒福德著作精萃》,第404页。

单一维度来衡量的，人的“全面发展”才是理想的。不过，随着技术的发展，专业分工日益显著，事实上每个人擅长和从事的只有极个别的技术门类，这又如何是好呢？

因此，理想的人不可能是一个孤立的个人，孤立的个人总是有限的，但人的集体生活却可以交织出无限的丰富性。

在单个人身上，寻求多种技术的“平衡”和“多样化”是一种奢谈，但这种平衡在城市生活中得到满足。一个军人当然更擅长攻击性的、征服性的技术，也更经常采取机械化的、刻板化的行为方式，但一个军人不能一辈子每时每刻只做一个军人。一个自由的市民，无论他从事什么专业，他的生活都应当有无数其他侧面，例如他与亲人、朋友的交往，他所从事的各种业余事业、娱乐活动，他个人的偏激性将由集体的丰富性补足。

这就是理想的城市，在芒福德看来理想的人性一定是在理想的城市中实现的——当然，这不是说农村人不配理想，这里所谓的“城市”并不是由固定的城墙或户口圈定的，而是指一种有分工、有秩序的聚居方式，专事农业的农村也属于这个整体的必要环节之一。

在芒福德看来，城市的意义就是把人类丰富多彩的可能性汇聚在一起：“在城市这种地方，人类社会生活散射出来的一条条互不相同的光束，以及它所焕发出的光彩，都会在这里汇集聚焦，……城市这个环境可以集中展现人类文明的全部重要含义。”[①]

---

① 〔美〕刘易斯·芒福德：《城市文化》，宋俊岭等译，中国建筑工业出版社2009年版，第1页。

芒福德的城市观仍然颇具启发意义,很多人空喊着“城市,让生活更美好”之类的口号,但并不清楚城市究竟意义何在。在牛津词典中,城市的意思是“一个大且重要的镇子(town)”;在新华字典中,城市指的是“规模大于乡村,人口比乡村集中”。说来说去,似乎城市的意义只不过就是“更大更拥挤”。但如果城市的意义仅仅是让聚居更拥挤,它又如何让生活更美好呢?

规模大和人口密只是人们聚集在一起的结果,而之所以人们要聚集起来,不只是为了更有效地繁衍,而为的是达成更紧密的互相联系,让各自的“光彩”汇集聚焦。如果城市越建越大的同时,人与人之间却越来越隔阂、越来越疏远,让每个市民的生活越来越单调,那就背离了城市的意义。

芒福德预见到现代化大都市的水泥森林之下,人际关系反而日益疏离的趋势,所以常常为城市的命运而忧心忡忡。于是,他毕生投入于城市史和城市文化研究,以期为城市的意义正本清源。

芒福德致力于建设理想的城市,他既反对理性主义的“城市规划”,也反对完全自由放任。理性主义的城市规划以柏拉图的“理想国”为典范,柏拉图反感于“嘈杂与冲突”,试图把阶层和分工安排得秩序井然,让人们各安其位、各司其职、互不干扰。但如果杜绝了“冲突”,扼制了“流动”,那么城市只会变成一个巨大的囚笼。但是完全没有统筹,放任城市的野蛮生长,则会导致以“力量”为中心的技术形态和生活方式占据上风,最终也是破坏了城市的多样性。

因此,城市需要有统筹的协调,但这种规划与其说是为了预先控制未来，不如说是致力于保护“过去”。芒福德认为，“大城市是人类至今创造的最好的记忆器官”[①]。历史中的每一次冲突和创造，都在城市中留有记忆。理想的城市很难被一夜之间规划出来，而一定是历史的产物，而城市的统筹规划应当着眼于历史与当下的平衡，尽可能以最恰当的方式保存人类的记忆。

---

① 〔美〕刘易斯·芒福德：《城市发展史——起源、演变和前景》，宋继岭、倪文彦译，中国建筑工业出版社2005年版，第574页。

第四章　自然与技术的分与合

一　什么是自然？

前几章我们基本上围绕着“人”为主题，讨论了技术哲学的一些根本问题。在讨论中我们经常用到“自然”这个概念，例如自然物与人工物、征服自然改造自然等。自然的概念向来与技术密切相关，我们这一章就专门围绕“自然”展开讨论。

从历史上看，自然与技术的关系牵涉到（自然）科学与技术的关系，科学与技术的结盟是现代世界的主题。但从历史上看，科学与技术并非天然的盟友，我们需要追根溯源，在思想史中考察“自然”的观念。

这一章的内容与“科学史”有较多重合，相关内容可以参考我的著作《过时的智慧——科学通史十五讲》[①]。其中希腊科学和牛顿力学与这一章中会有雷同之处，在本书中我将重新表述，更加突出思辨性的部分。

在今天，“自然”一词，或者更常用的“纯天然”，经常用作广告语，与化学、人造材料、添加剂相对立，给消费者一种更可靠、更安

---

① 胡翌霖：《过时的智慧——科学通史十五讲》，上海教育出版社2016年版。

全的感觉。环保主义者也推崇“顺应自然”“敬畏自然”。总而言之，“自然”似乎承载着价值，它是好东西。

但有哲学家认为，这是所谓的“自然主义谬误”[①]，是对事实与价值的混淆。自然指的是什么呢？要么是指宇宙中的一切事物，包括人类；要么是指除了人类及其造物之外的那部分东西。如果是前一种意思，那么人无论怎么做都属于自然；如果是后一种意思，那么人无论怎么做都不属于自然。因此，“顺应自然”这句话毫无指导意义，要么怎么做都行，要么怎么做都不行。

但是，我们始终觉得“顺应自然”这种说法多少还是有些意思的。一般而言，“自然”位于“技术”的对立面，当商家标榜自然、天然时，他们的意思是较少人工技术的改造和人工物的添加。

于是，理解什么是自然这个问题，转换成什么是技术改造或什么是人工物的问题。我们多少总是承认“人工”是有界限的，我们可以说某种意义上一切都是自然物，但不太敢说一切都是人工物。那么，在人工物的界限之外，岂不就是自然物了？照此看来，只要我们搞清楚技术的边界，就能够把握“自然”的概念。

但再追究下去，我们又困惑了，技术的边界又在哪里呢？我们说化学工业当然是技术，化学工业生产的添加剂当然是人工物，但所谓的自然物不也都是化学物质吗？所谓化工生产不也是从自然的原料中提炼和转化吗？自然界不也存在和许多添加剂一模一样的物质吗？

---

① 可参考〔美〕霍尔姆斯·罗尔斯顿：《环境伦理学：大自然的价值及人对大自然的义务》，杨通进译，中国社会科学出版社2000年版，第43页。

争论下去，似乎就陷入了单纯的话术之争，边界的暧昧这一状况本身其实也是现代性的，是科学思想和工业技术发展的结果之一。要厘清自然与技术的含义和关系，我们不妨追根溯源，回溯它们之间分分合合的历史。

二 发明自然

回溯历史，我们首先注意到，“自然”是一个独特的概念，它是被人发明出来的。

古希腊人发明了“自然”这个概念，随着自然哲学和自然科学的发展，这个概念的内涵也在不断变迁。

今天西方语言中的自然（nature）概念包含两重意思，一是自然界，二是本性，如人的本性（human nature），自然界的背后还蕴含着“自然规律”的意思。中国古代并没有直接与之对应的词汇，现代西方的自然一词，至少与中国古文中“天”“物”“性”“道”等概念相关。至于所谓“道法自然”，是两个单字的组合，而不是词组，不是说“道”需要效法另一个叫作自然的东西，而是说“道”自己效法自己。

在中国古代的思想世界中，“天”“道”之类也并没有与“人”截然对立的意思。天地人是统一的，法则是相通的，并没有各自独立开来。而在西方，自然一开始就和人工区别开来。

古希腊的自然哲学家首先发现了“自然”。泰勒斯说“万物源于水”，阿那克西美尼说气是本原，赫拉克利特说本原是永恒的活火……，他们之所以被称作自然哲学家，并不是说他们的研究对象是“自然”，而是说他们的“答案”是自然。“自然哲学”不是一个研究方向，而是一种研究旨趣。

任何古代文化都会关心各种我们现在称作“自然现象”的东西，山川日月从何而来，斗转星移为何而动，但回答这些问题往往就进入了神话的领域。屈原作《天问》，问得大多都是人事，如后羿如何射日、大禹如何治水。但希腊哲学家旨趣迥异，他们用水来解释火，或用气来解释水，总而言之，他们发现了这个“自然领域”，这个领域可以和神或人分割开来，在此领域之内的现象可以在此领域内部来寻求原因。

希腊哲学家并非无神论者，他们也谈论神，也热衷于谈论人类的政治话题。但他们把某一领域切分出来，形成一个“内在性的领域”，就是说自己解释自己，用自然解释自然的领域。这种思维方式是非常独特的。

自然哲学是一种“发明”，并不是先有一个确定的自然界摆在那里，然后哲学家针对它进行探讨，而是哲学家发明出了这样一种独特的探讨问题的方式，于是他们发现了“自然界”的存在。

亚里士多德总结并提炼了前人的“自然”观念。我们在第一章提到过，亚里士多德从“运动本原”的角度区分自然与非自然，他认为，自然指的是运动的本原在自身内部。也就是说，我们追问某种变化的“原因”时，答案在它自己身上。相反，非自然的运动，需要从它外部寻求原因。

比如，问一棵树为什么长成这样？回答可能是，它自己就长成这样了（没人修剪过）。或者，因为它是松树，从树苗开始就决定了它会长成松树的样子。或者，因为它要汲取阳光雨露，所以它要朝上生长。但是，当我们问：这张桌子为什么长这样？回答可能是，因为工匠的设计如此，或者因为使用者的需求如此，或者本地的习俗如此，等等。但无论如何不可能回答说：桌子自己就长成这样的。

树苗的成长当然也需要某些外在的条件，比如阳光、雨水和土壤。但它至少在一定程度上是自己决定自己、自己推动自己的。

在某种意义上，亚里士多德首先是理解了“人工”的意思，凡是带有人的意志的，在人的推动下发生的运动，当然就不是自然的了。反过来说，剥离了人的意志，就能够被归入自然的范畴了。

在这个意义上，自然往往被看作是由某种“内在意志”推动的东西。思想史家柯林伍德说：“希腊自然科学建立在自然界浸透或充满心灵这个原理之上。希腊思想家把自然中心灵的存在看作自然界中规则或秩序的源泉，而规则或秩序的存在使自然的科学成为可能。”①

按照柯林伍德的说法，这种拟人化、有灵论的自然观非但没有妨碍对自然界的理性理解，反而帮助希腊人建立了自然界有一定的规则和秩序这样的信念。

在古希腊，“原因”的概念最初正是一个法律用语，指的是在案件中被追究的“肇事者”，他推动了事件的发生。但一般来讲，肇事者并非不可理喻、自说自话的疯子。作案应当是“可理解”的，“破案”正是要找出肇事者行为的理由和规则。希腊人相信“自然”也

---

① 〔英〕罗宾·柯林武德：《自然的观念》，吴国盛译，北京大学出版社2006年版，第4页。

是可理解的,追问自然事物的原因,就是要去把握某种"自行运转""与人无涉"的原理或规则。

三 贬低技术

其他古代文化也会用以拟人的方式理解天地万物,但他们可能把天意看作难以捉摸的任性,所谓"天意难测",即便偶尔有人能"沟通天意",也只是暂时的、善变的。比如,中国人说"天命之谓性",用拟人的方式去理解天之"命令",但对于"天"的意志,中国人认为是可变的、"无常"的。道非常道,五德轮替,星辰也会陨落。在另一些文化中,"天"更是个喜怒无常、狂野无羁的暴君。而唯独希腊人认为自然的意志是永恒的、不变的、自足的。

这可能与他们关于理性的人的理解有关。在希腊人眼里,一个理性的人,就是一个自由且自律的人,他不遵循他者强加的规则,而是自己决定自己、自己约束自己。那么,自然所代表的至高的理性,当然就更加"自律"了。

自然和自由这两个概念互相支撑,所谓自然物,无非就是"自由的事物",而人的自由,同时也是人的"自然"。亚里士多德说:"人本自由,为自己的生存而生存,不为别人的生存而生存,所以我们认取哲学为唯一的自由学术而深加探索。"①

自由的人不应当追求"外物",家庭也好,事业也罢,都是外在

① 〔古希腊〕亚里士多德:《形而上学》,吴寿彭译,商务印书馆1997年版,982b26—28。

的目的，依附于他人的意志。自由的人能够追求的东西就是“哲学”，因为哲学追逐的是事物的本性（自然），这才是一种“纯粹的、高尚的、脱离了低级趣味”的追求。

于是，我们看到，自然与技术从两个层面上都被对立起来了。一是针对事物而言，自然物与人工物即技术制品对立起来；二是针对人而言，自由人（从事哲学思考）和工匠、奴隶（从事技术实务）对立了起来，自由人不应当为生计烦心，所追求的东西不需要有外在的约束。

相传在柏拉图学园门口立了一块牌子：“不通几何者不得入内。”在柏拉图那里，数学是哲学的入门课，这不是因为数学有什么方法论意义上的“用途”，恰恰相反，是因为数学是最纯粹的“无用之学”。数学似乎是完全内在的东西，外在的图形和辅助线只起到启发作用，而一旦学会了数学证明，那么这个知识仿佛是完全自明的，不依赖于经验，不依赖于权威，完全是“自己决定自己”的。因此，学习几何学相当于希腊人的“德育课”，启发人领会“自由”的力量。

柏拉图贬低技术，认为工匠只懂得模仿，而远离了真理。现实世界本来就是理念世界的模仿，而工匠进一步模仿现实的自然物，甚至拙劣的工匠只懂得模仿其他工匠的作品，这就成了模仿的模仿的模仿，是对真理的三重远离。要追求真理，必须超脱这些尘世的追求，静观沉思，追求某种灵魂出窍式的体验，让灵魂去直观真理。数学和哲学都是灵魂修炼的法门，激励人们摆脱对尘世的牵挂，把目光转向永恒的事物。

亚里士多德相对没那么决绝，在他的知识体系中，智慧分为三种，一是理论的，二是实践的，三是生产制作。技术创制的知识也属于一大门类。但仍然在次序上是最末等的。

亚里士多德的《物理学》，其实直译就是"自然学"，给出了一套系统的自然哲学体系。与"自然学"相对的是"机械学"，我们今天所说的"力学"(mechanics)，其实直译就是"机械学"。但无论是力学还是机械学，都不是希腊人那里 mechane 的本义。这个词的本义也类似于"技术""技巧""手段"，但带有"诡计"的意思。机械学研究的正是人的"诡计"，亚里士多德学派的《力学问题》(这本书署名亚里士多德，但现在一般认为是托名伪书，但成书的年代也很早，一般认为是亚里士多德学派的后学所作)开宗明义地指出："我们感到好奇，首先，有些现象的出现虽然合乎自然，但我们不知其原因；其次，有些现象是为了人的利益，通过技艺违反自然而产生的。自然的运作往往不合人的方便；因为她总是毫无偏离地遵循同一种做法，而人的方便却总是在变。因此，当我们不得不违反自然地做某件事情时，其难度给我们造成困惑，故而必须借助于技艺。我们把帮助我们对付这类困惑的那部分技艺称为力学技巧(mechane)。"①

这段话说得非常清楚，自然学研究的是"不变"的自然法则，而人类为了自己的方便，往往喜欢变通地运用诡计、窍门，这些违反自然的"手段"就是 mechane。我们现在所说的"机械装置"，恰好就是最典型的"取巧"手段，故而 mechane 衍生出机械的意思。

① 转引自张卜天："从古希腊到近代早期力学含义的演变"，《科学文化评论》2010年第3期。

在罗马以及中世纪的教育传统中,希腊人的学术体系被大大简化了,但相关的“鄙视链”仍然保留,自由民鄙视奴隶,数学家鄙视工匠。在后世的教育传统中,有所谓“自由技艺”和“机械技艺”之分。自由技艺(Liberal Arts)一般包含语法、修辞、逻辑、算术、几何、天文、音乐这七个科目,特点就是针对不从事劳动的自由民的无用知识,而机械技艺包括纺织、军备、贸易、农学、狩猎、医学、舞台表演等,是谋生的技艺。

我们看到,自然/自由与技术/机械从一开始就被理解为对立的两面,但这也并不表示二者无互通之处。我们说到,亚里士多德实质上是以技术活动为例去理解自然的,柏拉图也把整个宇宙视作“巨匠”的造物。这些都为现代科学最终把自然理解为机械埋下伏笔。

四 人造自然

希腊人在自然与技术之间设置的严格对立,促进了希腊人在哲学或理论科学领域的空前繁荣。但是如果始终坚持这种对立,显然就无法诞生出现代科学。我们都知道,最终在牛顿那里,“力学/机械学”完全与“物理学/自然哲学”保持一致,甚至几乎就成为一体——所谓牛顿力学就是牛顿物理学。这是如何可能的呢?这水火不容的对立面怎么就“合体”了呢?

这当然是一个很长的故事,我们在这里尽可能缩略,提示出几个关键问题。

其中一大关键当然是数学的发展,希腊化时期的机械学学者就已经发现数学在机械技艺中扮演的关键角色。阿基米德总结出杠杆中的比例问题，希罗把杠杆、滑轮等各种简单机械抽象为“同心圆”之间的数学关系。这些机械学中的几何原理与自由学术中的几何原理是互通的。到了中世纪晚期，随着商业文化的扩张，数学的实用意义被不断发掘，被称作“中间科学”或“混合数学”的领域被开辟出来，最终构成了打通自然与技术的桥梁。

另一方面，中世纪炼金术士的工作也至关重要，他们为自然物与人工物的打通做好了铺垫。

西方的炼金术传统发端于希腊化时期，由阿拉伯人奠定基础（可能有中国炼丹术的影响），最终在中世纪晚期的欧洲发扬光大。

无论是西方的炼金术还是中国的炼丹术，都是某种“求真”的活动。只是中国炼丹师求的是“修真”，基于道教的理论体系追求修成“真人”，而西方的炼金术则奠基于古希腊哲学中元素及其嬗变的理论。

古希腊自然哲学试图以不变解释变化，认为各种事物的差异和变化可以由少数不变的东西加以解释。“四元素论”就是比较成熟的一套理论体系，认为世间万物都是由土、水、气、火这四种元素以不同的比例构成的。

我们知道各种金属质地不同，但这种差异背后肯定有同一性。如果我们把金属的不变性和差异性区分开来，就可能达成金属之间的嬗变。炼金术的先驱者——公元3世纪左右的佐西默斯就明确提出炼金术所促成的是“物质嬗变”。他认为金属由“身体”和“精神”构成，身体是相同的，而精神的差异决定了金属性状的差异。

佐西默斯更点明了炼金术的终极目标，那就是寻求一种“点金石”。他认为，“正如一小块酵面可以使一大堆面团膨胀发酵一样，一点点的金也会使整个物质发酵”[①]。这种终极的“催化剂”就是所谓的“哲人石”，有时候也被称作炼金家的“酵素”。

大部分炼金术士并不认为自己在做违逆自然的事情，因为金属的孕育和变性本身就是自然界中发生着的事情，岩石中会孕育出黄金，那么为什么在工坊中做不到呢？炼金术的工作就是借助恰当的催化剂，加速自然界原本的变化。

在中世纪的伊斯兰世界，希腊人的哲学、技艺和炼金术都被好学的阿拉伯人学习和发展，人们也注意到了其中蕴含的冲突之处。偏向于亚里士多德自然哲学的伊斯兰学者往往对炼金术心怀疑虑，例如最著名的注释者伊本·西纳（拉丁名阿维森纳）认为：“技艺弱于自然，无论付出多少努力，都无法胜过后者。应该让炼金术士知道，金属的种类是不可改变的。”[②]

但炼金术士也并不指望改变自然物的“本性”，问题是不可改变的基本单元究竟是什么呢？比如，我们都知道灰扑扑的矿石可以冶炼为金灿灿的黄铜，那么冶金炼铁改变的是什么呢？既然矿石能变成铜，铜为什么就变不成金呢？

关键在于，炼金术士认为各种金属并不是不可变化的基本元素，阿拉伯世界最著名的炼金家贾比尔·伊本-哈扬提出了“汞-硫

① 〔英〕彼得·马歇尔：《哲人石：探寻金丹术的秘密》，赵万里等译，上海科技教育出版社2007年版，第221页。

② 晋世翔：“近代实验科学的中世纪起源——西方炼金术中的技艺概念”，《自然辩证法通讯》2019年第8期。

理论”，认为金属都由不同比例的汞和硫组成，有可能通过改变比例，让贱金属转变为贵金属。

炼金术士努力把自己的工作定义为“帮助自然”而非“违逆自然”，在中世纪晚期的拉丁西欧，“技艺”的地位更加提升了。在流行一时的神秘主义文本《赫尔墨斯之书》中写道：“技艺的协助并未改变事物的本性，因此人工造物按其本质而言是自然的，按其制作方式而言是人工的。”①

塔兰托的保罗认为：“自然是理智运用技艺操控的工具，好似书写技艺中被操控的手和笔。……雕塑家、农学家、医生等技艺工作者莫不如此，都是以为自然事物加诸形式的方式来运用自然。”②

注意到，上述的说法更接近现代人的观点，而不是亚里士多德的思路。在亚里士多德那里，人工物就其本质而言当然也不能说是自然的，因为除了其制作方式之外，其形式和目的也都是非自然的，在亚里士多德的“四因”（形式、动力、目的、质料）中，人工物只有质料的来源勉强能算来自自然物。但是，在现代人那里，目的或“意志”的维度被忽略了，或者至少被置于次要的、非本质的方面。“自然”首先被理解为一种被动的“质料”，是被操控的对象，而不再是首先从“内在性”的“内在目的”或“自我推动”的角度来理解了。

“物质”而非灵魂或目的成为了世界的主角，自然和技艺就在

① 晋世翔：“近代实验科学的中世纪起源——西方炼金术中的技艺概念”，《自然辩证法通讯》2019年第8期。

② 同上。

“物质”中统一起来了。文艺复兴时期的菲奇诺说:“什么是人的技艺?一种从外部作用于物质的特殊的自然。什么是自然?一种从内部给物质赋形的技艺。”①

炼金术士认为自己的工作能够揭示自然的奥秘,以柳树实验著称的赫尔蒙特把自己称作“火术哲学家”,即和自然哲学家一样探究真理,只不过方法不再是沉思,而是“火术”。

炼金术传统不仅为实验科学奠定了基础,同样重要的贡献也在于打破了自然与人工的界限,提升了技术活动的知识论地位。技术不再被看作背离真理的拙劣模仿,而成了揭示真理的必要辅助。

五　机械论哲学

在近代,第一个从整体上挑战亚里士多德庞大的自然哲学体系的,是笛卡尔为代表的机械论哲学。

之前提到,在亚里士多德那里,自然是“内在性”的领域,而这种内在性是以某种拟人的方式理解的,即自我决定、自我推动。与内在性相对的当然就是外在性,事物本身是被动的、无意志、无目的的,它的运动都是由外在的他者推动而造成的。

这种从外在性方面来理解,最典型的就是机械了。齿轮和杠杆之类的事物没有内在性可言,它们的运动可以完全从它们的外

① 〔法〕皮埃尔·阿多:《伊西斯的面纱——自然的观念史随笔》,张卜天译,华东师范大学出版社2015年版,第30页。

在关系中得到理解。我们只需要把握"外观",就可以知道一架机械的运动原理。机械本身没有内在的趋势,它的目的需要从机械之外,从制造者或操作者那里寻找。

于是,机械没有内在的问题,即便是它的"内部结构",本质上也是外形问题,机械的"内部"也完全是由零件之间相互外在的关系构成的。

希腊人把整个宇宙也看作一种"生命体",或者说,用拟人的隐喻方式来理解宇宙。宇宙是一个有限的整体,是各向异性的、有内在意志的。但到了近代,一种全新的隐喻出现了。

以笛卡尔为代表的机械论哲学,把宇宙和万物看作"机械",整个宇宙是由完全中立、被动、没有内在意志的"微粒"构成的。微粒与微粒之间的相互作用,就像齿轮与齿轮之间一样,是完全可以从外观就得到把握的。

在机械论哲学看来,事物压根没有"本质",也并不会有什么"质变"。因为事物根本上并没有内在性质,事物表现出来的性质,就像一台机器表现出来的特性那样,拆开看时完全由微粒之间可见的外在关系所决定,这些微粒只有形状、大小和位移运动。

在亚里士多德的物理学中,受迫运动由外力解释,而自然运动由事物的内在禀性解释。比如,某些事物就其本性来说是"重"的,另一些本质上是"轻"的,重物有下坠(朝向宇宙中心)倾向,轻物有上浮的倾向。但对于机械论者来说,这种看不见的"禀性"和神秘兮兮的"倾向"都是不存在的,事物由完全中性的"微粒"组成,微粒有不同的形状,除了这些形状之外,微粒的"内部"并没有任何属性。所有的性质都由微粒的外在属性所决定。例如,食物中较多尖锐的微粒就会让人觉得辣，诸如此类。

机械论在新一代哲学家或科学家中广受欢迎，一些学者尽管并不旗帜鲜明地自称机械论者，但也往往以类似的方式来思考问题。例如，伽利略认为科学应该研究“如何”(how)而不是“为什么”(why)，事物如何运动，是一个可以基于各种外在关系通过数学手段精确地计算出来的，但事物为何运动则应当存而不论，或者交给神学来研究。

归根结底，机械论哲学的精神实质是“自然的数学化”，或者说用数学取代了自然。只承认机械零件的外在关系，只承认位移运动这一种变化形式，只注重如何而不注重为何……，这些特点归根结底无非在于，只承认能够由定量的数学语言来描述的解释方式。

但是，以笛卡尔为领袖的机械论哲学并没有取得成功，在某种意义上，他们的失败是因为其哲学纲领过于激进了。因为排斥了事物的内在性，只接受外在的、可见的相互关系(位移和碰撞)，导致机械论哲学家难以解释诸如“重力”这样的现象。

同样形状的物体有着不同的重量，这一点还可以用微粒结构的差异解释，但是悬空的物体为何下落这件事情却不好解释。笛卡尔的方案是，假定宇宙中充斥着以太微粒，这些微粒形成涡旋运动，互相挤压，在接近地面的地方物体受到以太微粒向下流动的挤压，于是趋向于下落。

这种解释是能够自圆其说的，但问题是，这套模型只能提供一个定性的解释，但并不能给出“重力”的数学规律。

机械论哲学的纲领似乎仍然是当代物理学家的梦想，现代物理学中最前沿的所谓“超弦理论”,试图用弦的振动解释一切,不就是仍然坚持把一切都还原为“形状”和“位移”嘛,然后弦的运动最终被纳入复杂的数学体系,弦论学者都是最高明的数学家。而超弦理论至今都未能成功完成的事情,对笛卡尔来说当然就太过超前了。

我们知道,最后胜出的是牛顿的力学体系(mechanics,我们说过力学就是机械学)。牛顿力学虽然套用了“机械”之名,但牛顿的机械论并不那么彻底,他保留了“引力”这样一种超距作用、“质量”这样一种内在属性,最终建立起了空前成功的数学体系。

六　内在性的复辟与衰亡

在汉语中我们用“力学”来翻译 mechanics,应该也是牛顿的功劳,因为牛顿力学虽然不再坚持最严格的机械论,却把“力”(force)设定为理论体系的核心概念。

这也正是同时代的机械论哲学家抵触牛顿力学的原因,因为“力”这个概念太像是刚刚被他们驱逐了的亚里士多德哲学中的内在性原则,是一种倒退。科学史家库恩指出,对大部分 17 世纪的机械论者来说,“作为一种内在吸引原则的引力概念看起来太像已被一致拒绝的亚里士多德的‘运动倾向’。笛卡尔体系巨大的优点就在于它完全剔除了所有这类‘神秘性质’。笛卡尔的微粒完全是中立的,重力本身被解释成碰撞的结果;这种远距的内在吸引原则的概念似乎是向神秘的‘通感’和‘潜能’的倒退,正是这些神秘的

‘通感’和‘潜能’使中世纪科学如此荒谬”[1]。

而实质上，作为一个数学体系的牛顿力学，既不需要“机械”，也不需要“力”。在数学体系中，“力”无非是一个数学符号，它也可以替换为任何其他符号。

F 被定义为质量乘以加速度（F＝ma）。但这里的 F 与我们日常所说的用力、力气、活力等都没有必然关系，也和英文中的强迫意味无关，F 的意思完全由牛顿给出的“数学原理”所规定。原则上说，我们把 F 换成 L 或 P 或 X 之类的都行，把万有引力叫作万物有情、万物有气、万有查克拉之类，在数学上都是完全等价的。我们完全可以把 F＝ma 置换为 L＝nb，把“受到 1 牛的力”替换为“受到 1 马的屁”也行，只要符号与符号之间遵循既定的规则，那么把符号读作什么就丝毫无损于牛顿力学的精确性和预测力。

伽利略早已看穿了这一点，在伽利略的对话体著作中，代表亚里士多德的辛普利丘用“重力”来回答“重物是因为什么而下落的”这个问题时，代表伽利略本人思想的萨尔维阿蒂说：“你错了，辛普里丘先生，你应该说，任何人都知道它被称为重力。伽利略认为，我们对自然现象的一切所谓解释最终都是给本质上未知的原因赋予名称：‘重力’‘力’‘印入的力’‘赋形的理智’‘辅助的理智’或者一般而言的‘本性’。”[2]

但尽管作为数学体系的牛顿力学其实并不需要“力”这个概念，但作为自然哲学的牛顿力学却需要这个概念。牛顿实质上通

---

① 〔美〕托马斯·库恩：《哥白尼革命》，吴国盛等译，北京大学出版社 2003 年版，第 251—252 页。

② 〔荷〕戴克斯特豪斯：《世界图景的机械化》，张卜天译，商务印书馆 2018 年版。

过"力"的概念，暗度陈仓，打穿了自然（内在性）与机械（外在性）的界限。

虽然牛顿自己清醒地知道自己提供的理论并不是一种自然哲学，即对"内在原因"的解释，但他的后辈却不约而同地把它们混同起来，认定数学体系就是对原因的解释。这种"误解"恐怕与"力"的概念密不可分，因为"力"这个概念本身就暗含"原因"的含义，而一旦"力"被纳入了数学体系，"原因"也就被同时夹带而入了。

无论是在中文还是西方语言中，"力"这个词所对应的意思是双重的。一方面，如活力、能力、法力之类，表示某种人的内在潜力；另一方面，如推力、施力、压力等，表示对外施加或从外部遭遇到的某种推动。

力这个概念让人联想到"发力推动"这个动作，我们今天在解释"力"时，仍然会把它与"推动"联系在一起。一本新近的物理学概念科普书如此解说："正像推动这个词一样，力是一个动作而不是一样东西……力是一个物体对另一个物体做的某种事情，就像'推动'那样，一个物体能对另一个物体'施加一个力'。"[①]

"用力推动"的意象正是我们对"原因"的朴素理解。库恩也注意到："狭义的[原因]概念最初来自一个主动的动因的自我中心观念，一个推或拉的人，发出一个力或显示出一种动力。它非常接近于亚里士多德的动力因概念。"[②]

① 〔美〕Art Hobson：《物理学的概念与文化素养》（第四版），秦克诚等译，高等教育出版社2008年版，第72页。

② 〔美〕托马斯·库恩：《必要的张力》，范岱年、纪树立等译，北京大学出版社2004年版，第21页。

我们说过，亚里士多德的原因概念需要一个“肇事者”，需要从“推动”或“自我推动”的角度来理解运动。但在严格的机械论哲学中，“推动”被抽空了内在性而被替换为“碰撞”，从而与动机或潜能等内在性意象脱离关系。因此，彻底的机械论哲学不能在机械零件之间寻找原因，最后就只剩下整个世界及其之外的来自上帝的“第一推动”。

但牛顿通过“力”把内在性的意象偷偷引回来了，让人以为找到了“力”就是找到了原因。但另一方面，人们通过牛顿力学所找到的，不再是亚里士多德意义上的“推动”，因为在亚里士多德那里，“推动”是不对称的，是主动者向着被动者施加的，带有内在意志的行动。但是在牛顿这里，“力”是对称的(牛顿第三定律)，是完全由外在关系所确定的数学符号。

牛顿把贯彻内在意志的由内而外的“施力”置换为纯粹中立的“外力”，在这场内在性的“复辟”中，“力”成了一个单纯的“傀儡”，只具有符号意义，而其实质则被数学体系所替换。“力”就像一个被叛军拥立的皇子，其意义仅仅在于用作旗帜上的符号，他没有实权，甚至血统都很可疑，实质上可以被任何其他符号替换，但他毕竟发挥了过渡性的作用，在古老的旧王朝和过于激进的新秩序之间达成调和，闪耀出旧王朝(自然哲学)最后的荣光。

七 数学的自然化

我们看到，在“力”这个符号背后，既没有“机械”也没有“自然”，实质起作用的无非是数学体系。牛顿以一种不彻底的机械论取得了成功，在某种意义上，牛顿压根就放弃了“机械”的隐喻，只保留了数学化的实质。

科学史家戴克斯特豪斯在《世界图景的机械化》一书中，考察了所谓机械论世界观的来源。他的结论是，机械论世界观最终由牛顿力学建立，但牛顿力学已经与机械隐喻没什么关系了，实质就是用一整套数学体系来描述自然。[①]

戴克斯特豪斯的结论没有错，所以我们现在只说“牛顿力学”，不再把它当作一门“机械学”。但是我认为，“机械隐喻”在整个世界图景的变迁中终究还是发挥了关键作用，正是依靠机械隐喻，驱逐了古代哲学追求内在性的思维方式，才使得数学化的描述方式成为合法。

牛顿本人仍然以笛卡尔的机械论哲学为榜样，因此他认为他研究的是“自然哲学的数学原理”，而不是“自然哲学”本身。引力的超距作用是不符合机械论的自然哲学的，但牛顿认为，我们可以对引力的哲学原理先存而不论，而只讨论其数学原理——无论引力是因为以太涡旋还是别的什么原因造成的，我们发现的数学原理总是没错的。

在牛顿之后，仍然被牛顿看重的自然哲学与数学原理之间的差异被有意无意地混淆了。在牛顿的支持者看来，牛顿所给出的就是“自然哲学”本身，“数学原理”就是“自然哲学”，数学成了“原因”。与其说自然的数学化，倒不如说“数学的自然化”了。数学取代了“本原”的追求，我们似乎满足于用一套数学公式来当作对自

---

① 〔荷〕戴克斯特豪斯：《世界图景的机械化》，商务印书馆 2018 年版。

然现象之“为什么”的回答。

之所以我说“数学的自然化”，还有一层意思是，“数学”本身也发生了变化。我们说过，在希腊人那里，数学是一种灵魂修炼的课程，让人领会自由与自然，引导灵魂之眼朝向永恒的事物。

但所谓永恒的事物，并不是指数学符号，在希腊人看来，写在纸面上的符号和图形只是“教学手段”而非“教学目标”，是“中间步骤”而不是“终极理想”。数学是一种帮助人接近理念世界的实践活动，而不是理念世界本身。

这种意义上的数学属于亚里士多德所谓的“实践智慧”——既不是理论知识，也不是技术。非要说的话，它接近于“伦理学”的范畴[①]。

曲解一点来说，理论知识是对理念之物的善于直观的能力，而技术制造的知识则是对于器具之物的善于运用的能力，那么实践知识就是关于如何恰当地选取器具或方法来揭示或呈现理念的能力。而在现代人那里，这个中间领域消失了，“实践”与“制造”一并归入“技术”的范畴。

说得深远一些，这一中间领域的消失造成了理念与器具疆界的搅乱。如果不再能够根据目的来权衡器具的运用，那么运用器具的知识就只能服从于器具本身的逻辑，即不停地运转、提升效率。而如果理念不再是由器具的揭示活动所最终呈现的东西，那么可能的情况要么是理念无处不在，器具运转过程中的任何一个步骤都是理念的存在；要么就是理念无处存在，任何机械运动的作

① Adam L. Schulman, *The Ethics of Geometry*, Routledge, 1989.

品都不再是理念本身。这就是为什么现代人既是效率主义（长于运用工具），又是虚无主义（迷失了目的）；既是理性主义（自然的数学化），又是怀疑主义（真理不再向人呈现）。

那么，“实践知识”这一中介者是如何隐退的呢？事实上，消除某种媒介的媒介性的方法，不是遗忘它，而是注视它。把它放到中心，让它成为对象。近代思想的标志是“方法”的自觉，即把“步骤”“过程”“工具”这些中介性的东西放到了舞台中央（这一局面的确也与印刷术有关）。最初被作为教材的《几何原本》，变成了一部自足的体系。

其中，“教育”正是一个焦点的概念。事实上，“数学”一词原本的含义就是学习或可学之物；而教育一词源于“educe”，基本意思是引出、带出。也就是说，教育本来的意义在于呈现知识、唤醒知识，而不在于构造知识。而在现代，教育的过程变成了一种独立自足的东西，教育不再是把学生引向知识，而在于构造知识。而构造的过程是自足的，搭积木的每一个步骤都可以停下来，此时的结构都可以当作最终作品。每一块积木都是最终结果的一部分。现代数学论证中的每一个步骤都是数学体系的一部分，现代教育中的每一个环节都是“知识”的一部分，在我们的学习中所面对的每一个环节都是我们学习的“对象”。学习的目的融在了学习的过程之内。“应试主义”就是一个极端的例子——上课的目的是考试，而考试的目的是检验上课的成效，而上课和考试无非只是教育过程之内的两个环节，手段与目的在教育过程中循环了几圈，最终抽象成一个单纯衡量学习“效率”的“分数”。这个苍白而单调的东西成了教学的最终意义。这一状况不仅形似于伦理学领域中的现代状况(即目的最终被抽象成“快乐值”),而且的确是深刻地关联着的,它们都归因于整个“实践知识”环节的失落。

因此,作为数学符号的F反过来为“力”提供定义,作为数学描述的牛顿力学成为解释一切运动的“原因”本身。

希腊哲学家的数学是灵魂修炼的教学手段,工匠的“数学”是精密制造的测量手段,而哲学家的数学与工匠的数学在作为机械学的数学中合二为一。柏拉图设定的理念世界与现实世界在现代的机械论世界中合二为一。

从现代科学的宏伟成就来看,现代科学打破了希腊自然哲学的窠臼,这当然是一件好事。但我们也不该过度膨胀,因为现代科学未必是一种向下兼容的升级,进步并非没有代价,许多问题只是被回避或偷换了,而不是被彻底解决了。究竟什么是“自然”,在今天又成了新的问题。

第五章　古今技术之别

一　现代技术和古代技术有何区别？

我们已经看到，从古希腊到现代，数学、原因、自然等关键概念都发生了重大的变化。

研究哲学或思想史，我们始终都要牢记的是，没有什么词汇的含义是亘古不变的，任何概念或事物都是历史性的，哪怕是几乎亘古不变的日月星辰，也会在漫长的岁月中有所变化，更何况那些原本就边界模糊的概念了。

那么，我们最为关切的“技术”，它的意义和角色当然也是不断变化的。在今天，技术的力量变得空前强大，成为生产和生活的主宰者，这正是为什么技术这一主题越来越吸引现代哲学家的关注。无论是歌颂人类的技术成就，还是批判技术带来的种种现代性危机，人们一般都认为现代技术确实与古代技术有所不同。

那么，现代技术究竟有何独特之处呢？现代技术既然如此不同，那么与古代技术还有连续性和可比性吗？

从本章起，我们就要开始专门对“现代技术”进行反思和批判，我们首先需要讨论的就是现代技术与古代技术的异同。

在这个问题上，海德格尔的“技术的追问”一文讲得最深刻。这一文本也是就“技术哲学”这一学术领域而言影响最大的经典，要讨论“技术哲学”，很难绕过海德格尔。作为一部技术哲学导论，我们值得花一整章的篇幅讨论这篇文章。本章以下部分将围绕该文进行梳理。

“技术的追问”是海德格尔在1953年的演讲，是海德格尔后期思想的代表。本章的研究基于《演讲与论文集》一书[1]。

海德格尔在开篇提出：“下面我们要来追问技术。这种追问构筑一条道路。因此之故，我们大有必要首先关注一下道路，而不是萦萦于个别的字句和名目。该道路乃是一条思想的道路。”[2]

这几句话声明了海德格尔哲学的一贯旨趣，那就是追问概念不是为了纠缠于字句，而是为了“思想之路”。海德格尔非常喜爱使用“道路”的隐喻，他后期的几部重要文集如《林中路》《路标》等，从题目上就看得出“道路”的含义。海德格尔认为，语词和文本本身是为了启发和指引，就好比“路标”那样，一个好的路标应当让行人明确路线，然后径直走过去。如果一个人对着一块路标太过关注，在路标面前驻足不前，甚至想要背起标牌旅行，那么这就失去了路标的本意。

之所以这一点值得不厌其烦地声明，是因为海德格尔善于以深奥的方式运用语词，创造出一个又一个有丰富意义的“术语”，很容易引起后世学者的注意。一些所谓的海德格尔学者往往喜欢深

---

① 〔德〕马丁·海德格尔：《演讲与论文集》，孙周兴译，商务印书馆2018年版。本章中出自“技术的追问”的引文都来自此书。

② 同上书，第5页。

钻文本，讨论起来满口海氏“黑话”，恨不得说得比海德格尔还要晦涩，这就是所谓“萦萦于个别字句”，而没有真的吸收海德格尔的指引再向前迈步。

哲学的任何追问，最终的目的绝不是为了“卖弄学识”，而是为了寻找自己的道路。这条道路是“自由之路”，而不是追随权威、依附他人之路。每一个具体的追问，都是为了在这一具体维度上，寻求自由。

海德格尔接着说：“我们要来追问技术，并且希望借此来准备一种与技术的自由关系。”[①]什么叫“自由关系”呢？那就是当我们面对具体的技术事物时，能够恰当地找到自己的位置，理解相应技术对自己的意义，从而与相应技术建立起游刃有余的关系。用海德格尔的话来说：“如果我们应合于技术之本质，我们就能在其界限内来经验技术因素了。”[②]

理解技术之本质，意义在于引导我们以恰当的方式来对待具体技术。就好比说，小孩一旦理解了食物是用来吃的，就不会把它当作玩具来反复把玩或当作装饰品来四处涂抹，只有理解了技术究竟意义何在，我们才能够在这个充满技术的环境之内找到更恰当的立身之法。

二　正确的废话不够真实

所谓“技术因素”，与“技术的本质”相对。海德格尔说：“贯穿并且支配着每一棵树之为树的东西，本身并不是一棵树……。同

① 〔德〕马丁·海德格尔：《演讲与论文集》，第5页。
② 同上。

样地，技术的本质也完全不是什么技术因素。”[①]再打个比方来说，“食物”的本质是由“吃”这种活动来规定的，要追问食物的本质，我们理解到的是进食这类活动的特点和意义，而并不是由某一特定食物及其成分来决定的。比如说食物的本质是“蛋白质”的话，那糖就不算食物了吗？含有蛋白质的活人就算食物了吗？说食物的本质是“能量”，那太阳是不是食物？如果我们把各种具体的食物及其成分叫作“食物元素”，那么“食物”的本质并不能从“食物元素”中找到，而是要从进食活动中找到，从动物的生理机能那里找到，而使食物成为食物的“进食”本身恰恰不是一种“食物”。

因此，我们看到有飞机、火车等诸多具体技术，放大看还有齿轮机构、传动机构等各种具体结构，但这些东西并不是技术的本质。我们要寻求的本质是某种具有规定性的边界，某种活动或事态，在其中技术作为技术呈现。

这种本质性的规定边界，从流俗的角度说，就是“定义”。我们在第一章中讲到，要追问某一东西，在某种意义上就需要预先对它有所了解。我们追问技术，并不是起始于一无所知，而是起始于我们对技术的日常理解。

海德格尔首先援引了人们对技术是什么的流俗定义：“尽人皆知对我们这个问题有两种回答。其一曰：技术是合目的的手段。其二曰：技术是人的行为。这两个关于技术的规定原是一体的。因为设定目的，创造和利用合目的的手段，就是人的行为。”[②]

---

① 〔德〕马丁·海德格尔：《演讲与论文集》，第5页。

② 同上书，第6页。

在中文语境下我们也可以认同这两种日常定义，一方面技术一词总是功效、用途联系在一起，另一方面技术一词也与人工、人造联系在一起。人们采用手段达成目的，这手段就是技术。

流俗定义总是正确的，因为这就是人们日常交流的内容，因为人们确实能够互相领会，所以这些定义才会积淀下来。海德格尔说："谁会想否定它是正确的呢？明摆着，它是以人们在谈论技术时所看到的东西为取向的。"[①]

但海德格尔区分了"正确的"和"真实的"，正确的说法不一定是"真"的，在海德格尔那里，"真"更多的是一个动词，是一个揭示真相的动作，而不是一个固定不变的状态。而"正确"只要求"符合"，描述的语句与描述的对象相匹配，就是正确的，但正确的说法不一定能够揭示真相。海德格尔说："只有在这样一种[对眼前讨论的东西的本质的]揭示发生之处，才有真实的东西。因此，单纯正确的东西还不是真实的东西。唯有真实的东西才能把我们带入一种自由的关系中。"[②]

打个比方来说，你面前有一个人，我们描述他：他身高一米八，年龄二十八岁，天蝎座的，未婚，爱好旅游，本科学历，有车没房，父母都是本地人，身体健康，正在跑步……。诸如此类的描述可能都是正确的，但未必是真实的揭示。但如果你听到一声喊："抓小偷！他抢了我的手机！"此一句话胜过千万句正确的描述，一下子揭示了真相。唯有这种"揭示"才能把我们带入一种恰当的关系之中：是见

---

① 〔德〕马丁·海德格尔：《演讲与论文集》，第6页。

② 同上书，第7页。

义勇为，是退避三舍，还是围观或报警。根据我们每个人的自由，可能选择完全不同的关系，但真相的揭示使得我们的自由选择成为可能。当然，如果我们在相亲的场合，那么前面哪些话也能够起到揭示作用，然后每个人可以自由地选择为他亮灯或不亮灯之类的。

在咄咄逼人的现代技术面前，就好比在一个气势汹汹的强盗面前，我们需要做出恰当的回应、选择恰当的姿态。这时，并不是所有正确的描述都能够帮助我们把握处境。我们需要去洞悉本质。但这些正确的描述毕竟是我们第一印象所看到的，可以成为我们进一步追究的起点。比如，看到那个人在跑步，就可以顺着这一点进一步揭示：他为什么跑步呢？是为了竞赛、健身还是逃逸？如此顺藤摸瓜，就更可能发现真相。

三　原因会聚和结果登场

海德格尔就从正确的流俗观点“合目的的手段”出发，进一步追究起来——那么手段又是什么呢？

海德格尔发现，手段这一概念又与因果性紧密相连：“一个手段乃是人们借以对某物产生作用而获得某物的那个东西。导致一种作用或结果的东西，我们称之为原因。……工具性的东西占据统治地位的地方，也就有因果性即因果关系起支配作用。”[①]

之所以有“手段-目的”之分，是因为我们可以通过做些什么，来实现特定的目的。这就蕴含着因果关系，理解了因果性，我们才能

① 〔德〕马丁·海德格尔：《演讲与论文集》，第7页。

够领会如何借助工具以促成“结果”。那么，因果性又是什么意思呢？

海德格尔首先给出了哲学家的传统定义，即亚里士多德的“四因”，即质料因、形式因、目的因和效果因（又译动力因）。亚里士多德拿一个银盘来举例：铸造成它的原料，即金属银，是其质料因；将之铸造成圆盘状，这圆盘形态是其形式因；之所以要把它制造出来是因为某个隆重典礼要用，这就是目的因；而银匠实际把现实的银盘做了出来，这是效果因。

海德格尔把这四因称作四重“招致方式”。“招致”是有一些法理或伦理意味的，原意是“对……负责”。我们之前说过，“原因”概念最初是一个法律用语，追究某一事件的“肇事者”。

比如，张三死了，我们追究他的死亡是“因为什么”？我们可以从多重维度上来回答这个问题。比如，他因为体质较弱，失血过多没挺到医院就死了，这是其“质料因”，是导致死亡的物质基础（如果他铜皮铁骨就死不了）；他因为被锐器刺杀而死，这是“形式因”，描述其“死状”；他因劫财而被杀，大金链子被抢走了，这是“目的因”；最后，这件事情是李四做的，这是效果因，是直接完成行动的肇事者，银匠直接“造成”了银盘。

海德格尔重点考察了银匠即效果因的招致方式。银匠并不是一个现代意义上的“动力因”，就好比机械传动机构那样把一个现成事物从一个位置搬动到另一个位置。银匠工作之前，并没有一个现成的银盘等待他操作。银匠面对的是分散的另三重原因——银子在商铺里出售，形状在脑海里或图纸中，典礼下个月在大礼堂召开。然后他把这原本分离、无关的三件事情聚集到了一起，让他们相互配合，把形状赋予材料，并把银盘交付典礼。

银匠让四因“会聚一堂”，这几件事物原本隐而不显，散落在生活世界的各个角落。而银匠通过他的考虑、谋划，把它们逐一带入舞台中央。造成银盘的就是四因的会聚。

银匠既不是现成地操作一个事物，也不是凭空创造一个事物，而是让各个维度的事物会聚在一起，最终让结果发生。银匠所做的，好比说就是建造一个“舞台”，从各处“带来”各路角色，让它们一齐“登场亮相”。

工匠、艺术家都是善于以各自的方式谋划并促成“会聚”的人，但并不是说只有人才能造成结果。这里海德格尔重新表述了亚里士多德对自然与技术的区分——那些自己会聚起来、自己造成自己的就是“自然”。比如花朵绽放，可以解释为植物会聚了其物质条件、形态特点，为了结果实的目的，而自发造成的。

这种让会聚的事物登场亮相的“舞台”，海德格尔称之为“无蔽”，而把各个因素从幕后带出台前的工作，海德格尔称之为“解蔽”。会聚原因而促成结果的，不是一个单纯的移动物体的动作，也不是一个无中生有的创造动作，而是“解除遮蔽”这一个动作。这些被解蔽的事物原本也都在那里，只不过被各自的环境掩盖了。

四　技术为真理搭台

工匠的工作包含了双重意义：揭示和造成。他一方面需要“认出”银块、图纸之类的各种事物，理解它们各自可能扮演的角色；另一方面他需要实际造成结果，他需要有熔炼银块的技术，有根据图纸塑型的技术，等等。这两方面并不是先后关系，而是一体两面的关系。我们在第一章就讨论过，"认出"在某种意义上也需要以"技术"为前提，制造的方式本身就是揭示的方式，正因为工匠能够如此这般地制造，他才认出了诸如此类的材料和条件。

海德格尔从"合目的的手段"出发，追究到了"认识"上面。"如是看来，技术就不仅是一种手段了。技术乃是一种解蔽方式。"[①]

技术一词的希腊词源暗示出这种关联，海德格尔发现希腊语中的 techne（技艺）和 episteme（认识、知识）一词交织在一起。"这两个词乃是表示最广义的认识的名称。它们指的是对某物的精通、对某物的理解。认识给出启发。具有启发作用的认识乃是一种解蔽。"[②]

随着自然哲学的兴起，技艺与认识才被明确地区别开来，最后在亚里士多德的自然定义中得到总结。但技艺与认识仍然意义相通，前者指的是非自然的（依赖外在意志）的揭示活动，而后者指的是自然的自我揭示。

海德格尔并不像柏拉图和亚里士多德那样贬低技术。在他看来，技术的揭示同样也是真理之解蔽，某种意义上这种解蔽方式是更基础的，因为所谓"自然"可以被理解为技术的特殊形式，即自发的生产。

银是坚固、耐用、散发出银白色光泽的金属，这些特性是银之"本性"吗？但在自然界中，我们其实看不到亮闪闪的银，大多数银

① 〔德〕马丁·海德格尔：《演讲与论文集》，第 13 页。
② 同上。

以化合物状态存在于黑不溜秋的银矿石中，即便是单质自然银也总是包裹在黑漆漆的氧化物之内。银之“闪亮”的特性，都是在经过工匠的冶炼和铸造技术之后，才呈现出来的。

但这些特性，又并不是来源于工匠，并不是说工匠出于主观意愿，给本来不闪亮的银添加了闪亮这一特性。工匠所做的所谓“解蔽”，是解除遮蔽，让银“原本”就具有的闪亮特性显露出来。当然，不同的技术揭示出不同的特性，电工把银包裹到电线中，遮蔽其闪亮光泽，但为的是显露出的是其利于导电的特性；化工厂把银浆加入熔炉，揭示的是其催化反应的化学特性……种种特性都不是人们从银的“外部”取来，添加到银身上的，而是银“本身”具有的，而技术让它们得以“揭示”、得以显露。

银之银性、石之石性、木之木性……各种物之物性通过技术得到揭示。在技术活动中，“自然”并不是某种现成存在的东西，不如说“自然”是一种“阻力”——我们不能心想事成，拿起任意的材料就可以塑造出任意的形状或光泽。银顺从了银匠的意志，而一块烂泥无论如何扶不上墙。

所谓“真理”，既不是由工匠外加给事物的，也不是事物本身就现成完成好了的，真理需要在技术活动中“发生”，在人与自然的磨合过程中呈现。

如康德所说，知识的规则性来自人的认识形式。而这形式本质上就是技术的模式。技术搭建了让真理显露的舞台，但事物是否能够顺利登台还需要看“自然”的眼色。

海德格尔通过这一连串的运思，把技术的追问纳入“真理的追问”这一领域中。“一个完全不同的适合于技术之本质的领域向我们开启出来。那就是解蔽的领域，亦即真-理（Wahr-heit）之领域。”[①]

五　抱上科学大腿的现代技术变质了吗？

以上的讨论一直都在希腊哲学的语境，但是我们知道，“技术”是不断发展变化的，现代技术早已呈现出截然不同的面貌，那么上述的分析还适用于现代技术吗？现代技术也是一种解蔽方式，是一种为真理搭台的方式吗？

海德格尔也注意到了这种可能的质疑：“人们可能会提出如下反对意见：虽然这种规定对希腊思想来说是有效的，在有利情形下适合于手工技术，但并不适切于现代的动力机械技术。”[②]而且现代技术的独特性本身就是我们关注的重心，因为正是现代技术的崛起，才吸引了思想家的关注。

那么，现代技术的独特性是什么？海德格尔还是从流俗的日常定义出发，“人们说，与以往所有的技术相比，现代技术乃是一种完全不同的技术，因为它是以现代的精密自然科学为依据的。此间人们已更清晰地认识到：我们也可以反过来说，现代物理学作为实验物理学依赖于技术装置，依赖于设备的进步。对技术与物理学之间的这样一种交互关系的确定是正确的”[③]。

仍然是熟悉的思路：正确的东西未必够真实，比如一条狗每次

① 〔德〕马丁·海德格尔：《演讲与论文集》，第13页。
② 同上书，第14页。
③ 同上。

听到响铃就吃饭,饭总是追随铃声出现,就可能以为是铃声规定了吃饭,但真相其实是有个叫巴甫洛夫的人同时规定了响铃和吃饭这两件事。类似地,我们看到了现代技术总是与现代科学形影不离,但这一定是因现代技术是由现代科学所规定的吗?或者说还有某种更真实的东西,同时规定着现代技术和现代科学的特点?

海德格尔说:“决定性的问题依然是:现代技术具有何种本质,使得它能突然想到应用精密自然科学?”①

我们需要把握现代技术与古代技术的差异,正是这差异让现代技术能够全面投靠现代科学。追究差异,首先要找到共同点,因为只有在共同的基础上,事物才是可比较的。如果没有丝毫共同点可言,差异又从何谈起呢?海德格尔认为,所谓“解蔽”,或者用我的话来说“搭台”,是古今技术的共同本质。现代技术“也是一种解蔽。唯当我们让目光停留在这个基本特征上时,现代技术的新特质才会向我们显示出来”②。当我们着眼于搭台方式时,我们就会注意到,现代技术的解蔽方式或者说“舞台形式”发生了变化。

海德格尔说:“在现代技术中起支配作用的解蔽乃是一种促逼,此种促逼向自然提出蛮横的要求,要求自然提供能够被开采和贮藏的能量。”③

孙周兴把德语词 herausfordern 翻译为“促逼”,其实是有些用力过度之嫌,这个词本义有激怒、挑衅、“向……发起挑战”的意思,英文一般就翻译成 challenge。而“促逼”更突出了强硬和霸道的

① 〔德〕马丁·海德格尔:《演讲与论文集》,第 15 页。

② 同上。

③ 同上。

感觉，后面所谓“提出蛮横的要求”也与之呼应。

但蛮横、强硬固然是现代技术的特征，但这种蛮横关键还是要着落于“要求”之上，这才是现代技术与古代技术的区别所在。

当然，译成“促逼”也不是没有道理，因为“挑战”感觉像打擂台似的，双方处于平等的关系，但现代技术面对“自然”是一种居高临下的姿态，更多的是单方面地对之提出要求，而很少聆听它的呼声。

与其说这种挑战是平等决斗，不如说是“请君入瓮”，是预先埋好了坑然后让自然来填。

六　从角儿到导演

我们不妨回到“搭台”的比喻。同样是“搭建舞台”，我们不妨说，古代技术是“角儿制”，现代技术是“导演制”。古代技术向事物发起“邀请”，尽管通过搭建舞台为之做出安排，但最终还是听任角儿的发挥。现代技术则对事物提出“要求”，不但预先编排好整个故事，连演员的一颦一笑也都尽在导演的控制之下。这种“蛮横”并不会由导演的柔声细语而改变，而是由搭台方式所决定的。

关键的区别是，“主角”首先是一个有自己意志的在舞台上掌控全场的登场者，还是说“主角”首先是由导演在幕后就预先规划好了其演出方式，然后作为一个“空缺”的“位置”来找人填补。

登场者是有充足的余地自由发挥还是一丝不苟地服从预先的规定，这是古今技术的差异所在。

现代的“戏剧”有双重的“演出”，在实际由演员完成演出之前，整部戏剧就已经在编剧和导演那里上演了一遍。所有的“位置”都已经安排好了，然后再让填补这些位置的演员做出符合要求的动作。

海德格尔以煤矿为例，说明了这种双重上演或双重揭示。他说：“这种促逼着自然能量的摆置是一种双重意义上的开采。它通过开发和摆出而进行开采。但这种开采首先适应于对另一回事情的推动，就是推进到那种以最小的消耗而得到尽可能大的利用中去。在煤炭区开采的煤炭并不是为了仅仅简单地在某处现成存在而受摆置的。煤炭蕴藏着，也就是说，它是为了对在其中贮藏的太阳热量的订造而在场的。太阳热量为着热能而被促逼，热能被订造而提供出蒸汽，蒸汽的压力推动驱动装置，这样一来，一座工厂便得以保持运转了。”[①]

简单来说，煤矿石被实际从地下挖出，从而在人世间“登场”之前，它的一系列演出就早已被预订好了，它将被填入锅炉，填补能源的空缺，为工厂体系的运转提供动力。在作为运送到地面上煤矿石而展露之前，深埋地下的煤矿石早就已经被“解蔽”了，早就已经作为其最终扮演的角色——能量——而被“探明”了。

实际去挖出一块煤炭所用到的技术并没有多么特别，现代的机械化采矿无非是比古代的矿锄、起重机之类更有效率一些。但在实际开采之前的那次“预先开采”却不简单，它并不是通过个别的有形工具而达成的，而是通过整个“工业体系”完成的。这个工业体系凌驾于所有具体的“小舞台”之上，规定着一切事物的登场

① 〔德〕马丁·海德格尔：《演讲与论文集》，第16页。

方式。

不仅是地底的矿藏，所有的事物都以类似的方式被“预先规定”了。森林被预订为林业资源，河流被预订为水资源……这种预订甚至不依赖于水坝的修建。除了能源之外，所有事物都被认作广义上的“资源”，最终是为了产生效益、为加速整个工业体系的运转而存在的，哪怕是审美或休闲的对象也不例外。海德格尔说：“但人们会反驳说，莱茵河终归还是一条风景河嘛。也许是吧。不过又是如何的呢？无非是休假工业已经订造出来的某个旅游团的可预订的参观对象而已。”[①]

七　时刻准备着

在整个工业体系中，每一个“小舞台”都环环相扣，不再有隐秘的“幕后空间”。事物在某一舞台登场之前，也始终处于“灯光”之下。海德格尔说：“自然中遮蔽着的能量被开发出来，被开发的东西被改变，被改变的东西被贮藏，被贮藏的东西又被分配，被分配的东西又重新被转换。开发、改变、贮藏、分配、转换都是解蔽之方式。可是解蔽并没有简单地终止。它也没有流失于不确定性之中。解蔽向它本身揭示出它自身的多重啮合的轨道，这是由于它控制着这些轨道。这种控制本身从它这方面看是处处得到保障的。控制和保障甚至成为促逼着的解蔽的主要特征。”[②]

---

① 〔德〕马丁·海德格尔：《演讲与论文集》，第16—17页。

② 同上书，第17页。

煤块从地底开掘到地面，从矿场运到加工厂，从加工厂送到仓库，从仓库送到商店，从商店送到锅炉。以上这一路“开发、改变、贮藏、分配、转换”，每一步都是一种解蔽方式，矿石在不同的场所中被认作库存、商品和燃料。但关键在于这一条解蔽之轨道是如此的环环相扣、严丝合缝。就好比说一个角色走下舞台后并不是隐入幕后，而是无缝跳转到了另一个舞台。

在环环相扣的效用链条中，所有舞台都被预先摆置好了，每一种事物在每一处场合的位置都已经预留好了，预先得到了保障。

这一整个贯穿了每一个小舞台的“轨道”，本身也可以说是一个更大的舞台，是一种更加基础的呈现方式。事物除了在每一个具体场合下有不同的呈现方式之外，就整个现代技术体系而言，也有一种统一的、基本的呈现方式，那就是作为“持存物”而呈现。

海德格尔在这里用的“持存”(Bestand)一词，德语本义就是“库存”，但字形上有含有“站立”的意思，海德格尔解释为“被定置而立即到场的站立”。这个“站立”的意象就是“立等”的意味，换句话说，就是“时刻准备着”。

现代技术也是让事物会聚从而登台亮相，但不再是从暧昧昏暗的幕后把演出者请出来，而只是要求早已预先站在台前的等候者开始做预订好的动作。

角儿变成了演员，甚至是木偶戏中的木偶，不再具有独立性，海德格尔说：“在持存意义上立身的东西，不再作为对象而与我们相对而立。”[①]

① 〔德〕马丁·海德格尔：《演讲与论文集》，第17页。

什么叫不再作为“对象”呢？一个东西摆在我面前，不就是一个观审对象或认识对象吗？这里海德格尔讲的“对象”，不如理解为“谈对象”“处对象”的“对象”。我们不能和一个木偶谈对象，对象是有其独立性的，或者说“神秘性”的。

海德格尔以跑道上的一架飞机举例——“它被订造而保障着运输可能性。为此，在它的整个结构上，在它每一个部件上，它本身都必须是能够订造的，也就是做好了起跑准备的。”[①]

和一架飞机打交道时，一切都指向“起飞”。我们本质上不是在和飞机打交道，而是在“准备出行”，整架飞机及其每一个零件的意义全都投射于出行活动。对比来说，一辆马车就并不完全是一个“持存物”，它并不是“时刻准备着出行”，那匹马或许还准备着交配、准备着撒欢、准备着睡觉。马不仅仅是为了马车而订造的，车厢也不总是准备着被马拉。

越是现代的技术造物，就越是体现出这种严丝合缝的预订性，因为在效率的逻辑下，一切累赘的、暧昧不明的部分都将被剔除。与持存物相对的是“废弃物”，这也是一个现代性的概念，我在《什么是技术》[②]一书中有所讨论。

在某一个小舞台内，人或许仍旧是解蔽的发起者，是四因的召集者。但是就整个工业体系把万物揭示为“库存”的意义上，这个解蔽的发起者也是人吗？并不是了，相反，人倒是第一个被揭示为“库存”的事物。海德格尔说：“人通过从事技术而参与作为一种解

---

① 〔德〕马丁·海德格尔：《演讲与论文集》，第18页。

② 胡翌霖：《什么是技术》，湖南科学技术出版社2020年版。

蔽方式的订置。不过,订造得以在其中展开自己的那种无蔽状态从来都不是人的制品。”[1]

所谓“无蔽状态”,即预先给每一个小舞台分配位置的大舞台,首先“促逼”着人,让人也成了“库存”,成了时刻准备着的“工具人”。海德格尔说:“人不也就比自然更原始地归属于持存么?有关人力资源、某家医院的病人资源的流行说法,表示的就是这个意思。在树林中丈量木材并且看起来就像其祖辈那样以同样步态行走在相同的林中路上的护林人,在今天已经为木材应用工业所订造——不论这个护林人是否知道这一点。”[2]

并不是现代的护林人特别厉害,能够把森林解蔽为资源,而是现代人和森林一道被预置在精密的工业链条之内。无论具体的护林人怎么想,他的个人想法都无关大局,他的工作随时可以被另一个人取代,因为他所占据的“工作位置”是早已被产业链条安排好了的。所谓一个萝卜一个坑,求职无非就是填坑而已。

八 时代在召唤

那么,是谁“把人召唤入那些分配给人的解蔽方式之中”的呢?海德格尔说:“如果说人以自己的方式在无蔽状态范围内解蔽着在场者,那么他也只不过是应合于无蔽状态之呼声而已。”[3]

这种“呼声”在某种意义上就是我们第一章中所说的“前世记

---

① 〔德〕马丁·海德格尔:《演讲与论文集》,第19页。

② 同上。

③ 同上书,第20页。

忆”。我们的成长环境虽是由前人的创造活动所沉淀下来的物质记忆构成，但对于我们来说，却成了我们“先天”的东西，是我们成长或学习的基础条件，决定着我们的认识形式。

这种认识形式或生活方式的“缺省配置”，并非人主动选择的结果。我们的人生并不是像打游戏那样，能够在开局选择一个时代或剧本加入其中。我们仿佛是“被抛”入这个世界的，等我们有机会反省自我之前，我们早就已经知道了许多东西。

整个时代环境对我们的预先塑造，就是所谓的“呼声”，或者说“时代之召唤”。有人说，我特别叛逆，应该工作，我偏不工作，我就做个流浪汉也不加入工业体系，这是否摆脱了呼声呢？海德格尔说：“即便在他与此呼声相矛盾的地方，情形亦然。”[①]“呼声”的意义在于建立一个基本的框架和尺度，哪怕是你试图逃避或拒绝，也是以某种预留的方式逃避。比如，同样做“流浪”，这个时代已经没有吟游诗人的位置，游侠和卖艺也改变了意思，乞讨和拾荒都仍然处于现代工业体系的环节之内，工业体系的垃圾处理机制甚至早已把拾荒者考虑在内了。

我们可以用“时代”来命名这种呼声的来源，但这也会带来误会，仿佛每一个时代都会发出类似的呼声似的。事实上，只有我们这个时代（现代、工业时代），我们才会听到如此普遍而强硬的呼声。至于古代，人类的命运各不相同，雅典人有雅典人的环境，斯巴达人有斯巴达人的风格，很难说有一个贯穿着所有人生活世界的东西预先规定着人们的认识方式（解蔽方式）。唯独在这个时

---

① 〔德〕马丁·海德格尔：《演讲与论文集》，第20页。

代,某种东西预先主宰了全局。

为此,海德格尔设计了一个术语:“我们以‘集置’(das Gestell)一词来命名那种促逼着的要求,那种把人聚集起来,使之去订造作为持存物的自行解蔽者的要求。”[1]

德语中“Gestell”一词也是个日常词汇,指的是某种构架式的用具,譬如一个书架。它也有“骨架”的意思。因此,早期的中译本译作“座架”。

海德格尔在中间加了个短杠,突出了这个词的前后两部分意思,Ge-有会聚、聚集的意思,stell 则有摆置的意思。因此,孙周兴又改译为“集置”。

一个大货架可不就是“聚集的摆置”。这种聚集方式关键在于“预先规定”,每一种事物都早已预订了其中的位置,一切都一目了然、井井有条,没有暧昧地带。

当然,“譬如在神庙区设立一座雕像”[2],也是一种预先摆置。在雕像设立起来之前,神庙区就已经预留出了空位,根据预先的规划订制雕像的形态。这和现代技术的预先订置“在本质上是接近的”,现代技术的特点在于这个“规划区”不再限于某一特定区域,而是覆盖了整个世界。不仅一座雕像是预先订置的,一块煤矿石是预先开采的,一切事物都已经被预先安置在整个世界图景之内。现代人的世界图景变成了一个大书架,层次分明,错落有致,一切都摊开在一个可见的平面中,没有任何内在性的隐秘空间。

---

① 〔德〕马丁·海德格尔:《演讲与论文集》,第 20 页。

② 同上书,第 22 页。

“集置”首先体现于这样一种平坦而明晰的世界图景之上，因此第一个响应其召唤的并不是工业革命，而是更早的科学革命。海德格尔说：“人类的订置行为首先表现在现代精密的自然科学的出现中。精密的自然科学的表象方式把自然当作一个可计算的力之关联体来加以追逐。现代物理学之所以是实验物理学，并不是因为它使用了探究自然的装置，而是相反地，由于物理学——而且已然作为纯粹理论——摆置着自然，把自然当作一个先行可计算的力之关联体来加以呈现，所以实验才得到订置，也就是为着探问如此这般被摆置的自然是否和如何显露出来这样一个问题而受到订置。”①

所谓“先行可计算的力之关联体”，就是我们在第四章中说到的，以牛顿力学为标志的数学体系。这种数学体系剥除了一切暧昧不明的部分，把任何事物都首先揭示为“可计算物”，然后再可能展开进一步的计算。进一步的计算是科学家的工作，但把一切预先揭示为可计算物，这是“集置”的功劳。

海德格尔回应了之前的问题：之所以现代技术是现代科学的应用，并非偶然，在某种意义上它们同根同源，都是对“集置”的响应。

海德格尔也注意到，现代科学的发展伴随着“因果性”概念本身的转变，他说：“自然以某种可以通过计算来确定的方式显露出来，并且作为一个信息系统始终是可订造的。这一系统进而取决于一种再度被转变的因果性。现在，因果性既不显示出有所产出的引发的特征，也不显示出[效果因]甚或[形式因]的特性。也许

① 〔德〕马丁·海德格尔：《演讲与论文集》，第23页。

因果性正在萎缩为一种被促逼的呈报，一种对必须同时或随后得到保障的持存物的呈报。”①

前面海德格尔讲的就是因果性从“为什么”到“如何”的转变，现代科学所回答的只是一种对运动过程的“描述”。在现代科学哲学对因果性的定义（D－N 模型）中，因果性变成一个纯粹的逻辑关系，给出一个初始条件，只要从这个条件推演出结果，这个条件就是原因。比如，给定月亮和地球在前天的位置关系和相互引力，就可以计算出它们在昨天的位置关系，这样的话月亮前天的位置就可以给月亮昨天的位置提供一个因果说明。但反过来说，给定昨天的位置，也可以演绎出前天的位置，“果”可以反过来解释“因”。因与果变成了一组符号方程式的两端，而中间的“等号”往往是可以对称互换的。我们只能强行规定必须把时间上在先的放在前面来呈报，因果性就变成了沿着时间顺序对事态的接连“呈报”。

九　命运与自由

随着科学与技术的成功，集置越来越成为无可逃避的支配者，那么我们又该如何回答海德格尔开篇所提出的问题呢？也就是说，我们该如何寻觅一条“自由之路”呢？

海德格尔认为，“人根本上不可能事后才接受一种与集置的关系”②，我们不可能选择脱离自己的时代，不可能选择跳出集置的

① 〔德〕马丁·海德格尔：《演讲与论文集》，第 25 页。

② 同上书，第 26 页。

支配。但是,奢求一种“预先选择”的自由无疑是一种僭妄,人并不是超然世外的上帝,也不是坐在屏幕前的玩家,人之为人首先就是囿于特定的时空的存在。只有在理解这一根本上的“有限性”之后,人才谈得上追求自由。

海德格尔把这种人无法摆脱、无法选择的有限性,称作“命运”。这命运不是算命先生口中的东西,不是指一个人未来注定要遭遇哪些不可更改的事件,而是指时代与环境的不可选择的局限性。

就好比说一个泳池,池水的局限性决定了我们不可能在上面跑步或赛车,但我们可以在池水中游泳。相反,我们可以跑步的地方,往往又不能游泳。每一个环境都有其局限性,都有其“预先规定”的容纳空间,没有一个现实的场地是无所不包、无所不容的。但正是对跑步的局限,保障了游泳的自由;正是对游泳的局限,保障了跑步的自由。当我们要在一个现实的时代环境中,寻觅我们的自由时,我们首先要做的恰恰就是认清我们的“枷锁”,听取环境的要求,认清预置的边界。如此,才可能找到属于自己的自由空间。

海德格尔说:“人恰恰是就他归属于命运领域,从而成为一个倾听者而又不是一个奴隶而言,才成为自由的。”[1]这种倾听不是一种盲目的顺从,而是有所反思地确认边界。

“集置”的大舞台虽然看起来无处不在、无孔不入,但它仍然是某种开放的空间,同样有其阴影和边界。海德格尔说:“开放领域之自由既不在于任性蛮横的无拘无束中,也不在于简单法则的约

① 〔德〕马丁·海德格尔:《演讲与论文集》,第27页。

束性中。自由乃是澄明着遮蔽起来的东西,在这种东西的澄明中,才有那种面纱的飘动,此面纱掩蔽着一切真理的本质现身之物,并且让面纱作为掩蔽着的面纱而显现出来。"①

这段话很难读懂,但核心意思并不特别晦涩。海德格尔所用"Lichtung"一词被译作"澄明"或"澄明之境",听起来颇为高大上,但这本也是一个通俗的词,表示"林中空地",密林间的一片"疏朗处",说白了就是"空地"的意思。英译本一般就翻译为 clearing。

与一般意义上的空地不同的是,"林中空地"是在密林中开辟出来的。事实上,我们一般谈论的"空地"也总是在某一环境中开辟出来的,我们不会把一望无际的沙漠中间的某个区域叫作"空地"。"空地"这个概念总是与某种暧昧或昏暗的"边界"相联系。

在这个意义上,"澄明"倒不如说是"澄清""清场",它不是一个现成的、静态的状况,而是由某种清扫动作营造出来的空间。

搭建一个舞台的动作就是"清场",清除杂乱和无用的东西,把它们扫入阴影或赶下幕后,由此让登场者清楚地站在聚光灯下。

海德格尔的意思是,当预订的剧本上演时,自由的方式既不是亦步亦趋,紧盯着聚光灯下的明亮之物,也不是单纯闭眼不看或者干脆打砸舞台。而是,我们应当转向为了清场而被遮蔽的东西,去注意光与暗的交界处,注意幕后与台前的衔接处。不是追随清晰的、明亮的登场者,而是追究这个让登场者登场的舞台之边界。

海德格尔认为,现代技术为人的自由造成了危机,这不是因为现代技术的"解蔽"出错了,而是因为它的解蔽太过于"正确"了。

---

① 〔德〕马丁·海德格尔:《演讲与论文集》,第 27 页。

现代科学和现代技术让一切都显得清晰明白、井井有条，于是，我们越来越习惯于在明亮的路灯下活动，遗忘了其他的可能性。海德格尔说："人往往走向（即在途中）一种可能性的边缘，即一味地去追逐、推动那种在订置中被解蔽的东西，并且从那里采取一切尺度。由此就封闭了另一种可能性，即人更早地、更多地并且总是更原初地参与到无蔽领域之本质及其无蔽状态那里。"①

人不可能不响应时代的召唤，但人有可能不在聆听时代的召唤。也就是说，我们把召唤和要求，看作理所当然，看作唯一的方式。比方，水池限制了我们只能在此游泳，但如果我们不再以为这是一种从水池的边界而来的"限制"，反而以为游泳就是这个世界上唯一的生活方式，那么我们就成了永远被自我束缚的"井底之蛙"。

所谓"自由"，不是指非得在水池里赛跑，而是要把水池认作水池，把要求认作要求。当我们望向水池的边界时，我们始终知道在那阴影深处还有其他的可能性。

受限于时代并不可怕，可怕的是不再理解自己受困的处境，反而把自己看作宇宙的中心。海德格尔说："……人膨胀开来，神气活现地成为地球的主人的角色了。由此，便有一种印象蔓延开来，好像周遭一切事物的存在都只是由于它们是人的制作品。……人类如此明确地处身于集置之促逼的后果中，以至于他没有把集置当作一种要求来觉知，以至于他忽视了作为被要求者的自身。"②

海德格尔并不否定现代科学的正确性或现代技术的有效性，

---

① 〔德〕马丁·海德格尔：《演讲与论文集》，第28页。

② 同上书，第30页。

相反,它们太正确、太有效了,以至于遮蔽了它们本身:“促逼着的集置不仅遮蔽着一种先前的解蔽方式,即产出,而且还遮蔽着解蔽本身。”[①]

就好比一个过于明亮的聚光灯会在照亮对象的同时掩蔽自己,人们被明亮的舞台吸引,而不再关注晃眼的灯光本身。这灯光逐渐被遗忘,人们以为自己看到的就是舞台上的“本来面貌”,而遗忘了这一面貌也是由灯光打造的结果。

现代科学通过数学和自然科学的符号体系来揭示自然,这种揭示是正确的、有效的,但问题是人们逐渐忘记了这是一种“揭示方式”,反而把数学公式认作是自然的本来面貌了。好像数学就是自然,自然就是数学。

海德格尔忧心的并不是科学和技术的自我进化,而是人类因追随科学技术的逻辑而迷失自我。相关的危机问题,我们还会在第六章讨论。

十　出路要靠技术与艺术的暧昧关系

海德格尔一会儿说危机,一会儿讲命运,很容易让人觉得他是一个悲观主义的宿命论者,这种理解并非毫无道理,但仅就文本而言,海德格尔始终指明了“拯救”之路。他认为,救渡之路就在危险之源,危险的生长本身就蕴含着拯救的可能性。

海德格尔认为,拯救之路就是去“追根溯源”。他认为(正如我

① 〔德〕马丁·海德格尔:《演讲与论文集》,第30页。

们在第三章提过的)，起源或"本质"(Wesen)并不是一个瞬间或一个某个现成固定的状态，而应该是某种持续的运动。海德格尔从词源上做了个文字游戏："'Wesen'作动词解，便与'持续'同。"[①]

起源不是一场突然的断裂，而是一长段历史过程，因此追溯到源头处，可以找到现代技术尚未与其他可能性相互割断的原始状态。这种原始状态中尚未清晰的模棱两可性，能够提示出可能的出路。

西方文明以及整个现代科技文明，其源头在古希腊。海德格尔于是又回到古希腊，追究当时"技术"的面貌。他发现，当时的"技艺"(techne)一词还有另外一重含义，那就是现在被称作"艺术"的东西。

"在西方命运的发端处，各种艺术在希腊登上了被允诺给它们的解蔽的最高峰。它们使诸神现身当前，把神性的命运与人类命运的对话熠熠生辉。而且在当时，艺术仅仅被叫作[技艺]。"[②]

艺术一词与技术相分离，专门组成一个与审美有关的独特领域，这件事情是非常晚近才发生的，几乎要到19世纪才逐渐稳定下来。而在古希腊，"艺术作品并不是审美地被享受的。艺术并非某种文化创造的部门"[③]。

海德格尔推崇"艺术"经常会让人误解，以为是希望艺术家们来用审美拯救人类。但海德格尔推崇的并不是这种作为审美活动的艺术，艺术本身并不能提供拯救，艺术的意义在于，它与技术在

① 〔德〕马丁·海德格尔：《演讲与论文集》，第33页。
② 同上书，第38页。
③ 同上。

原始的意义上是相通的。希腊思想中艺术与技术的“混而不分”的暧昧状态，才使得艺术成为拯救之路的一把钥匙。

归根结底，海德格尔指明的拯救之路实质就是“历史性的反思”，是“追根溯源”，而当我们追入源头时，发现了技术与艺术的暧昧关系，于是我们进一步“追思艺术”。

我们发现，艺术与技术一样，都是一种“解蔽方式”，把银做成银盘，和把银做成塑像，都是“会聚四因”“登场亮相”。但技术用具和艺术作品却有着完全相反的呈现方式。

一个技术用具越是好用，它就越是倾向于隐匿自己。聚光灯凸显的是演员，而不是灯本身。拿着盘子吃菜时，我们一门心思都在菜上，而不是盯着盘子来看。而艺术品则正好相反，一件艺术品总是倾向于凸显自己，它让人流连于它的形式而非功能。

我们可以用技术与艺术代表上述的两种倾向——隐匿自身突出用途，还是隐匿用途突出自身。但这二者并非泾渭分明，事实上人们的制作往往都介于艺术与技术之间。我们并不总是不会注意盛放菜肴的盘子，我们总是在实用的盘子上雕琢无用的花纹，以便凸显盘子本身。古代的大部分所谓艺术品，也都未曾完全脱离其实用目的，华美的瓷瓶仍然可以是一件用来插花的用具，美丽的绘画和雕塑也同时可以视作用来指示肖像或讲述故事的媒介。

直到印象派和立体主义之后，现代艺术才逐渐摆脱实用性或工具性，试图建立独立的意义世界。在某种意义上，现代艺术是现代技术的副产品，因为现代技术日益受效率逻辑的支配，排挤掉“无用”的部分。哪怕我们仍然可以在现代技术产品中看到一些看似无用的装饰物，它们的功能也被定义为“审美价值”。

有用的技术与无用的艺术最终分道扬镳，但在最初它们曾经如胶似漆、暧昧难分。那么这一原初的两可性能够给我们什么启示呢？那就是说，这种“分裂”并不真的毫无转圜余地，现代技术其实从没有彻底摆脱其根深蒂固的暧昧性，即便是看似严丝合缝的现代技术世界，仍然有暧昧的缝隙，有模棱两可的余地。

我们并不是完全没有注意到现代技术在效用之外的维度，只不过我们经常把它们归结为“美学”“伦理”“艺术”等范畴，而并不承认它们属于“技术”的领域。而通过追根溯源，我们可以注意到，技术的意义不只是在整个工业体系预订的位置精密地发挥功效，所谓的“艺术”维度并不是附着于技术表面可有可无的添头。相反，倒是“艺术”更切近技术的本质，即真理之解蔽。

无论如何，理解技术与艺术的两可性，能够启发我们在“现象”中多滞留片刻（第二章）以反观自身，而不总是急吼吼地冲向功利的目标。

总之，海德格尔最终给出了与现代技术保持自由关系的窍门，即“对物的泰然处之”和“对神秘的虚怀敞开”。泰然处之，指的就是既不是亦步亦趋地追随，也不是强硬抵制，而是始终给自己留有余地，在追随新技术的同时，关注其暧昧的边缘。这所谓向“神秘”敞开，即是指对明暗交界处的暧昧深邃敞开胸怀，留心那些被掩蔽或者尚未凸显的可能性。

第六章 现代技术批判

一 现代是糟糕的吗?

海德格尔反思现代技术,揭示其危险,并不是要全盘否定现代,甚至倒退到古代的生活方式。海德格尔强调的反而是聆听时代的呼声,正视人类的命运。但无论如何,海德格尔的确对由现代技术所支配的整个"现代"本身,抱有某些敌意。

"现代"一词本身是"现代性"的,任何时代的人都可以把他们所在的时代认作现时代。但唯有这个"现代",不只是"现在这个时代"的意思,更蕴含着与"过去"的断裂以及"进步"的观念。

在科学革命和工业革命的时代,在启蒙运动的时代,"现代"始终是一个令人骄傲的概念,象征着"文明"的最高成就,科学与文明的现代让我们与蒙昧、迷信、落后的古代相区别。

但随着工业革命的发展,"现代"越来越多地暴露出其"野蛮"的一面。对自然搞破坏,对海外搞殖民,对农民搞圈地,对工人搞剥削……,科学和技术的强大反而加剧了现代欧洲人的各种野蛮行径。越来越多的有识之士不再心安理得地保持优越感,而是开始对整个"现代"进行反省——各种领域的"野蛮",恐怕并不只是古代的遗毒。相反，倒是伴随着现代科学和现代技术的崛起，人类的文明反而遭遇了许多新的威胁。

与更具积极意味的“现代化”不同，当我们提到“现代性”一词时，经常是带有批判性的意味的，特别侧重于关切在现代的进步性背后，蕴含的时代性的危机，特别是社会和文化的危机。

工业时代以来，最重要和最有影响的一位批判家，大概就是卡尔·马克思了。马克思同情工人的处境，批判资本家的剥削，但他关切的是整个时代性的问题。在时代的意义上，资本家并不是罪魁祸首，资本主义并不是资本家所创造的，相反，资本家和工人都是由资本主义的生产方式所塑造的。

马克思的影响，可以说遍及整个现代文化的各个领域，远不限于以马克思主义为名号的个别流派，也因此之故，马克思的思想也很容易遭受曲解和教条化。

容易遭受曲解也和马克思本人的写作方式有关。马克思生前除了给报刊写稿之外，完整的著作就只有《资本论》的第一版是亲自修订后出版的，其他绝大部分著作都是经过恩格斯的编辑整理。大量手稿到20世纪才陆续出版，时至今日其手稿整理工作都未全部完成。马克思的手稿体现出他不断摸索、从未定型的学术特色，他不仅对现代社会尖锐批判，对待自己也毫不妥协，在晚年依旧不断更新自己的观点。

因此，马克思的思想很难以三言两语概括出要领。我在这里不准备深入马克思的文本解读问题，本章对马克思的引用侧重于启发性。除了马克思以外，这一章还将引入马尔库塞的思想。马尔库塞是海德格尔的学生，但他同样深受马克思哲学的影响，是法兰克福学派“发达工业社会批判”的代表人物之一。从马克思到法兰克福学派,可以视作技术哲学的“社会批判传统”。他们与海德格尔代表的现象学传统有深刻的共同点,但相对而言更切近实际,不停留于哲学思辨和概念分析,而是融合了政治学、经济学、社会学等广阔视野,并且始终剑指社会实践运动。

二 倒立的倒立或脚踏实地

马克思是一个政治经济学家和历史学家,“哲学家”一词经常是他鄙夷的对象。但就其学术思想的基本背景而言,马克思终究是根植于德国古典哲学的传统。

所谓德国古典哲学,指的是由康德开启,由黑格尔集大成的一段哲学传统。而马克思、叔本华等现代哲学的开创性人物都是从德国古典哲学的土壤中叛逆而出的。

马克思在《德意志意识形态》(该书手稿为恩格斯笔迹,但一般认为是表达了马克思的思想,由恩格斯抄录,该手稿是马克思哲学界的争议热点,我们在这里不作深究,直接把相应引文都归属于马克思的思想观点)中表达了他与德国哲学传统的关系:“德国哲学从天国降到人间;和它完全相反,这里我们是从人间升到天国。这就是说,我们不是从人们所说的、所设想的、所想象的东西出发,也不是从口头说的、思考出来的、设想出来的、想象出来的人出发,去理解有血有肉的人。我们的出发点是从事实际活动的人,而且从他们的现实生活过程中还可以描绘出这一生活过程在意识形态上的反射和反响的发展。”①

我们在前三章应该已经体会到了，更晚近的哲学家们，包括海德格尔、芒福德、斯蒂格勒等，都试图把人的实际生活认作哲学的出发点，反对凌驾万物的上帝视角。可以说，整个现代哲学的各个流派都贯彻了“从天国降到人间”这一纲领，只不过对于“人间”究竟以什么活动为根本，各派现代哲学家有不同的偏向，比如生产活动或生产关系、人的社会生活、个人的身体和情感、逻辑和理性活动、日常语言系统等。但总而言之，这种立足于人间的基本风格，可以说是自马克思开始的。

马克思曾经批评黑格尔哲学是某种“头足倒立”，而马克思以来的现代哲学，就是让古典哲学再次“倒立”，以便脚踏实地。但这种倒立的倒立仍然是一种“哲学”吗？还是说它干脆就变成了“经济学”或“社会科学”？当然，马克思的哲学与新兴的社会科学建立了密切的关系，但我仍然认为马克思的思想核心还是一种“哲学”，因为他仍然在回应那些古老的哲学问题。例如，知识的前提是什么？人是什么？什么是意义？等等。

传统哲学试图设定某种世界的“本原”，以便从中推演出一切事物。有人说本原是水，有人说本原是上帝，有人说本原是数，有人说本原是物质微粒……。但马克思压根不关心“本原”是什么的问题，因为无论选取哪一种答案，无非都是一个抽象概念而已。

马克思所强调的“物质”不是作为终极抽象原则的一个概念，

① 〔德〕马克思、恩格斯：《德意志意识形态（节选本）》，中共中央马克思恩格斯列宁斯大林著作编译局编译，人民出版社 2018 年版，第 17 页。

而是现实的、丰富的物质活动，也就是生产活动。

这种观点与我们在第一章提到的“技术史作为知识的先验条件”殊途同归，马克思同样是在回应那个“先验问题”，即“让各种具体观念（知识）得以可能的前提条件是什么？”而他的回答是：“不是从观念出发来解释实践，而是从物质实践出发来解释各种观念形态。”他说：“这种历史观就在于，从直接生活的物质生产出发阐述现实的生产过程，把同这种生产方式相联系的，它所产生的交往形式即各个不同阶段上的市民社会理解为整个历史的基础。”①

马克思也可以说是“技术史”的开创者，在他之前，并非没有历史学家记录技术的进步，但并没有把技术史看作人类史或文明史的核心部分，而顶多只是当作历史的背景或附带部分，历史的主题往往是帝王将相们的活动，国家或族群的扩张和争战等，顶多再额外关注宗教、科学和其他观念领域的发展。包括生活方式与生产方式在内的各种技术活动被历史学家忽视了。马克思说：“迄今为止的一切历史观不是完全忽视了历史的这一现实基础，就是把它仅仅看成与历史进程没有任何联系的附带因素。因此，历史总是遵照在它之外的某种尺度来编写的，现实的生活生产被看成是某种非历史的东西。”②

而马克思把技术史认作历史的核心线索，所谓“手工磨产生的是封建主为首的社会，蒸汽磨产生的是工业资本家为首的社会”。文明的演进、社会的变革首先都是随着技术的变迁而发生的，这可

① 〔德〕马克思、恩格斯：《德意志意识形态（节选本）》，第 37 页。

② 同上书，第 38 页。

以说是某种意义上的“技术决定论”的历史观。但是和第五章中海德格尔所谓的“命运”一样，这里马克思只是把技术看作决定性的限制条件，而非毫无余地的枷锁。马克思并不是说人类命运完全被技术决定，任何人都无法改变现存社会。相反，他相信每一个人都可以且应该通过实践推动世界的变革，但这种推动必须以实际的技术条件为立足点，“脚踏实地”的努力才能发挥作用，而不是试图在虚空中构想一个支点，然后指望虚无缥缈的精神或上帝来撬动它。

三　有血有肉的人

在第一章我们看到，以康德为代表的德国古典哲学，已经试图对整个以“虚空中的支点”为出发点的古代哲学传统发起叛逆。康德倒转了古代哲学中人与对象的位置，把确定性的根基建立在“人”这一边，建立在人的认识形式这一边。在康德之后，德国古典哲学更加突出人的“自我意识”，这就是所谓德国唯心主义。马克思并不反对高扬“人”的地位，甚至不反对以某种意义上的“自我意识”或“自由意志”作为“人”的定义，而他反对的是从这种抽象的定义，用空洞的理论术语大谈意志自由，而忽略了真正应该被高扬的不是“人”这个概念，而是现实的、有血有肉的人。

马克思批评“费尔巴哈设定的是‘人’，而不是‘现实的历史的人’，‘人’实际上是‘德国人’”[1]。这一批评也同样适合于康德，我

① 〔德〕马克思、恩格斯：《德意志意识形态（节选本）》，第20页。

们在第一章提到，康德所总结出来的“纯形式”未必是所有人在所有场合面对所有对象时都通用的，他抽象提炼出来的，或许代表了“18世纪受过牛顿力学教育的德国知识分子”的认识形式，但在其他历史语境下的人并不是这样认识事物的。在马克思看来，德国古典哲学的进步之处是注意到了“人”，但其根本缺陷则是，误以为他们基于现实历史语境所设想出来的“人”的形象，属于某种抽象的、普遍的、理想的“人”。

马克思反对某种固定不变的“人的本性”概念，人的观念和上帝、宇宙、自然等一切概念一样，都是历史性的。在《哲学的贫困》中马克思说：“整个历史无非是人类本性的不断改变。”

如果一定要说人具有某种恒久的本性，那么大概就是对“自由”的追求吧。马克思强调，人应当在现实技术环境的范围内追寻自由，而不是在一个理论空间中追寻自由。马克思说：“人们每次都不是在他们关于人的理想所规定和所容许的范围之内，而是在现有的生产力所规定和所容许的范围之内取得自由的。”①

在这个意义上，马克思继承了哲学最初的箴言：“人，认识你自己。”但是他认为，所谓“认识自己”，即认识自己的界限，首先就是要认识人的“物质环境”。

“自己”是一个“个人”，但“个人”并不是漂浮于虚空中的独立自足的东西，现实中的个人“是从事活动的，进行物质生产的，因而是在一定的物质的、不受他们任意支配的界限、前提和条件下活动

① 〔德〕马克思、恩格斯：《德意志意识形态（节选本）》，第95页。

着的”[①]。

我们在第二章说道，技术环境好比是人的“镜子”，我们考察技术环境，就是在反省自我。马克思也有类似的说法，他说：“个人怎样表现自己的生命，他们自己就是怎样。因此，他们是什么样的，这同他们的生产是一致的——既和他们生产什么一致，又和他们怎样生产一致。”[②]

四　镜中观肉

马克思指引我们通过考察生产活动而反观人自身，那么，我们可以从生产活动中看到什么呢？

诚如我们在第二章末尾提到的，我们能够从技术活动中看到我们的“意志”，我们的意志或自我意识被投射到技术活动中，最终在生产的成果中体现出来。

马克思也认为，人的特长就是“自我意识”，而自我意识就是指把自己“对象化”认识的能力，马克思说：“动物和它的生命活动是直接同一的。动物不把自己同自己的生命活动区别开来。它就是这种生命活动。人则使自己的生命活动本身变成自己的意志和意识的对象。……人是有意识的存在物，也就是说，他自己的生活对他是对象。仅仅由于这一点，他的活动才是自由的活动。”[③]

但是和以往的哲学家，特别是德国古典哲学不同，马克思认为

① 〔德〕马克思、恩格斯：《德意志意识形态（节选本）》，第16页。
② 同上书，第12页。
③ 〔德〕马克思：《1844年经济学哲学手稿》，第53页。

“自我意识”并不是一种发生于虚空中的活动，并不是一个由概念到概念、由思维到思维的内在运动，而是内在与外在的照面。所谓“自我意识”，是通过广义上的“照镜子”实现的，人只有通过向外投射自己的意志，才能反观自我。一个从来就不能改造世界的生命，生来就把感官封闭起来，这种生命是不可能有自我意识的。“通过实践创造对象世界、改造无机界，人证明自己是有意识的类存在物。”[①]

所谓“类存在”“类生活”指的是“人类”这一类存在者的基本特点，比如吃喝拉撒算不上人的“类生活”，因为所有的动物都会这样做。人之为人的特有的生活方式是创造性的劳动，人的自我意识在劳动创造中实现。马克思说：“劳动的对象是人的类生活的对象化：人不仅像在意识中那样在精神上使自己二重化，而且能动地、现实地使自己二重化，从而在它所创造的世界直观自身。”[②]

所谓“二重化”就是广义上的“镜像化”，即把自己分化为主-客两面，从而在对面直观到自己。这种现实的镜像并不是通过理性思维来观审的，而是直接通过包含五官在内的整个有血有肉的身体来体会的。“自我意识”是一种实践活动，还是一种感性的活动，“人不仅通过思维，而且以全部感觉在对象世界中肯定自己”[③]。

人的感官也并不是像康德想象的那样有着固定不变的形式，而是历史沉淀的结果，“五官感觉的形成是迄今为止全部世界历史

① 〔德〕马克思：《1844年经济学哲学手稿》，第53页。

② 同上书，第54页。

③ 同上书，第83页。

的产物”[1]。

人不断从物质环境中学习，塑造自己的思想观念，同时又不断把自己的内在意识投射出去，不断改造物质环境。就是我们在第三章就讨论过的，人与技术的“互相发明”的历史。马克思注意到了思想史与技术史、内在史与外在史的一体两面、互相构成的关系。他说：“工业的历史和工业的已经生成的对象性的存在，是一本打开了的关于人的本质力量的书，是感性地摆在我们面前的人的心理学。”[2]

五　工作是为了不工作？

于是，马克思对技术史和工业环境的考察，同时也是对人性的考察。马克思注意到，新近的工业发展越来越呈现出一种危险的面貌，好比说在“镜子”中的对象越来越丰富、越来越强大，但人类自己却消失了，人类在自己的劳动对象中越来越找不到“自己”的形象。马克思把这种现象称之为“劳动异化”，即人的劳动变得越来越不像人了。

“异化劳动从人那里夺去了他的生产对象”[3]，这种“剥夺”最浅显的表现就是工人生产的产品被资本家夺走了。

古代工匠所制作的作品是属于工匠自己的，这不是说工匠不会把自己的作品卖掉，但他卖出时，卖的是“我的作品”。工匠是

---

① 〔德〕马克思：《1844年经济学哲学手稿》，第84页。
② 同上书，第85页。
③ 同上书，第54页。

"会聚四因"的肇事者,他选择了质料,灌注了形式,发起了制作。但一个现代工厂流水线的"产品"从一开始就不属于"工人",它们是资本家为消费者"订制"的。工人在生产过程中所扮演的角色,和磨坊中的驴子差不多,无非就是出卖自己的劳动力。产品的形式、质料和目的都与工人无关,一个工人甚至可以从未见过自己经手的最终产品长什么样,就可以胜任自己的工作。

工匠每刻下一刀,都是把自我意志投射于外部世界的一次运动,也是外部世界对自我意识的一次反馈。但工人每拧一颗螺丝钉,就仅仅是拧螺丝钉而已,他看不到也不需要看到自我意志,他的目的只是把自己的力气换作薪水。劳动者与劳动过程和劳动产品被割裂开来,劳动过程不再具有投射自身、直观自身的"二重性",反而是让劳动者的自我意识迷失在机械劳动之中,让劳动者呈现为毫无个性的螺丝钉。

这种现象的经济学后果是资本家对"剩余价值"的剥削,因为资本家从工人那里购买的是"劳动力",而向消费者出售的是"产品",劳动力与产品之间的差距就构成了所谓的"剩余价值",这是马克思在《资本论》中更关注的问题。但劳动力与产品之间的差距并不仅仅是一个经济学意义上的危机,更是一个人性的危机。

人性危机的心理学后果就是工人的"痛苦"遭遇。马克思说:"劳动对工人来说是外在的东西,也就是说,不属于他的本质的东西。因此,他在自己的劳动中不是肯定自己,而是否定自己,不是感到幸福,而是感到不幸,不是自由地发挥自己的体力和智力,而是使自己的肉体受折磨,精神遭摧残。因此,工人只有在劳动之外才感到自在,而在劳动中则感到不自在,他在不劳动时觉得舒畅,而在劳动时就觉得不舒畅。因此,他的劳动不是自愿的劳动,而是被迫的强制劳动。因而,它不是满足劳动需要,而只是满足劳动需要以外的一种手段。劳动的异化性质明显地表现在,只要肉体的强制或其他强制一停止,人们就会像逃避鼠疫那样逃避劳动。"[①]

"工作就是为了赚钱,别跟我谈理想,我的理想就是不工作。"——越来越多的现代人理直气壮地喊出这样的理想,但很少去深思这一现象所蕴含的危机。

为了逃避工作而工作的现代人,至今也没有成功摆脱工作,更没有在工作之外找到自我肯定的领域。在工作之中,人成了牲口或机器,而在工作之外,人变成了"沙发土豆"、变成混吃等死的"植物人"。

在工作内外,现代人看起来像动物、机器或植物,唯独就不再像"人"。于是,劳动的异化造成了人的异化,"结果是,人(工人)只有在运用自己的动物机能——吃、喝、生殖,至多还有居住、修饰等的时候,才觉得自己在自由活动,而在运用人的机能时,觉得自己不过是动物。动物的东西成为人的东西,而人的东西成为动物的东西"[②]。

在包括马克思在内的无数仁人义士的推动下,工人的待遇在工业革命以来不断改善。但工作环境的改善和薪水的提升只是化解了工人的不满情绪,并没有解决"异化"的危机。人们拥有了越来越多的"私有财产",但这些"私有"的东西恰恰不是属于"个人"

① 〔德〕马克思:《1844 年经济学哲学手稿》,第 50 页。

② 同上书,第 51 页。

的东西。它们往往是批量化生产的标准化商品,用以满足一般的动物性需求,像蛙跳反射那样不断刺激着人产生快感,而很少能够体现出个人的人性。

工作是为了不工作,那么不工作时的活动又是为了什么呢?除了满足欲望、快感或单纯地延续生命,人类似乎越来越找不到自我存在的意义。意义问题变成了价值问题并最终变成了“价格”问题。自我实现的“事业”变成单纯为了赚钱的“职业”,体现个人意志的“作品”变成了单纯体现劳动力的“绩效”,衡量个人成就的“功业”变成了单纯数字的“身价”……

在这个极端强调“私有”的资本主义社会,“个人”反而消失了。在马克思看来,自由的、创造性的活动在被资本主义的生产方式瓦解了,完全中性的、无个性的“资本”或者说“钱”,成为衡量商品或衡量人成功的唯一标尺,人们在“镜中”看到的无非是钱和一切用钱衡量的事物,不再是有血有肉的自己。这当然不是说马克思反而认为封建制度比资本主义更好,因为古代能够奢谈“个性”的始终只是金字塔尖的一小撮人而已,大部分人连维持温饱都要竭尽全力,更谈不上追求自由了。从大大提升生产力、丰富人类的生活水平方面来说,资本主义毕竟是进步的和解放的,但马克思并不认为人类的解放是一劳永逸的,他看到了工业时代经济繁荣背后的人性危机,这份洞见至今也未曾过时。

吃饱喝足、维持基本的动物机能,当然是重要的,是一切创造性活动的前提。但并不是说一切创造性活动反而要以维持人的动物机能为终极目标。“存活”的重要性在于它作为一切丰富生活的起点,但如果“混吃等死”“赖活着”本身也同时变成了一切生活的

“终点”，成为创造性劳动的“目的”，那么人类的一切意义都将坍缩了。

六　舒服的奴隶也是奴隶

马克思对人的本性及其异化的论述大多集中于其早期手稿中，这些手稿在20世纪初陆续出版，激励出马克思主义各种新的阐释路线，其中最有影响的一派就是“法兰克福学派”。

法兰克福学派在20世纪三四十年代崛起，肇始于德国法兰克福大学的“社会研究所”。代表人物包括霍克海默、阿多诺、本雅明、弗洛姆、马尔库塞，“二战”前后许多代表人物移居美国，对欧美学界都产生了持久的影响。

法兰克福学派继承了马克思的批判旨趣和人文关怀，并整合经济学、心理学、哲学、文艺理论等思想资源，补充或重建马克思的批判。同时，法兰克福学派所面对的社会现实，已经和数十年前马克思的时代有所不同。一方面，在一些国家，资本主义制度似乎已经被推翻了；另一方面，在资本主义国家，工人的境遇也得到了大幅提升，股份制的普及模糊了工人和资本家的界限，大众传媒的崛起让工人在工作之余享受到更多娱乐生活，工人们肉体和精神的压力都得以缓解。

那么，马克思的批判过时了吗？法兰克福学派认为，解决了工人痛苦的问题，反而让更深刻的矛盾得以掩盖。马克思对人性及其异化的洞见并没有过时，反而日益变得重要起来。

因此，法兰克福学派转移了批判的矛头，不再只是指向资本家或资本主义，而是针对整个"发达工业社会"，针对新时代的整个技术环境。

技术进步让人们日益"舒服"。马尔库塞说，"一种舒舒服服、平平稳稳、合理而又民主的不自由在发达的工业文明中流行，这是技术进步的标志。"①

舒服的不自由当然比痛苦的不自由好一点，但当人们痛苦时，更容易有叛逆和改革的动力，而舒服的环境却使得整体变革的可能性日益渺茫，或许反而让人陷入温水煮青蛙式的危机之中。

"发达工业文明的奴隶是受到抬举的奴隶，但他们毕竟还是奴隶。"②仅仅推翻资本家、提升工人福利，并没有真正实现工人的"解放"，我们还需要突破整个工业技术体系带来的枷锁。

马尔库塞认为，以苏联为代表的传统马克思主义者仅仅强调马克思思想中政治革命的维度，但没有看到马克思对工业技术的反思。"经典的马克思主义理论把从资本主义向社会主义的转变设想为一种政治革命：无产阶级摧毁资本主义的政治设施，但保留它的技术设施并使它从属于社会主义。"③

而马尔库塞指出，"技术设施"并不是中立的，相反，物质基础决定上层建筑，技术环境不仅带有政治偏向，甚至就是政治偏向的根源。仅仅从政治领域中发起革命，是治标而不治本。我们必须

---

① 〔德〕赫伯特·马尔库塞：《单向度的人——发达工业社会意识形态研究》，上海译文出版社2008年版，第3页。

② 同上书，第28页。

③ 同上书，第19页。

打破技术中立论的迷思：技术是中立的，资本家用它干坏事，我们用它就能干好事。这种观念类似于海德格尔所谓的关于技术的流俗理解，这种理解当然有其道理，但如果停留于此，就难以理解现代技术的独特面目了。马尔库塞说："技术'中立性'的传统概念不再能够得以维持。技术本身不能独立于对它的使用。"[①]

七　手段成了目的

因为在这个"技术社会"，如何治理社会的方式本身是由技术环境所塑造的。"统治"的方式不再由国王或祭司阶层的意志所决定，而是由技术环境所决定。

尽管就古代国家而言，统治者也需要立足于相应的技术条件来施行统治，但这些技术条件更多地被用作统治的"工具"，而不是统治的"目标"。"统治"总是有内在的目的，无论是取悦上帝，还是取悦民众，是为了奉天承运，还是为了主持正义。衡量统治成效的目的与决定统治成效的手段终究是两回事。

但在现代这个技术社会，统治的手段与统治的目的合二为一了。比如，"提高生产力"成为衡量统治方式是否成功的标尺，但提高生产力无非就是要求尽可能地适应于工业技术环境。因此，越是能吻合工业技术要求的，越是成功的。如此一来，最终决定一种统治方式的，无非就是工业技术的要求。

---

① 〔德〕赫伯特·马尔库塞：《单向度的人——发达工业社会意识形态研究》，导言第6页。

不再是技术帮助统治，而是技术决定统治，人们有意或无意地剔除了政治的内在意义，而让技术成为政治的标尺。马尔库塞说："发达工业社会和发展中工业社会的政府，只有当它们能够成功地动员、组织和利用工业文明现有的技术、科学和机械生产率时，才能维持并巩固自己。这种生产率动员起整个社会，超越和凌驾于任何特定的个人和集团利益之上。"[①]

这正是我们在第四章末尾提到的手段与目的混淆的进一步结果，这种混淆不局限于"教学"，而是侵蚀了教育、伦理、政治等各种传统的"实践智慧"的领域。

改进技术，原本就是为了改进手段，以便更好地实现目的。在这种意义上，手段的改进是"有止境的"，所谓"止于至善"，就是"恰到好处"。技术的效率提升到恰当的位置，就是好的。

目标的实现是有止境的，但效率的提升是无止境的。当人们过多地沉浸于改进技术时，就有可能忘记了追逐目标，而是把技术的改进本身当作目标了。有限的"善"变成了无限的"价值"，"改进"本身变成了"目标"，而这个目标是永远无法完成的。

因此，"更高、更快、更强"成了技术社会的座右铭，效率的逻辑成为支配一切的原则。

马尔库塞认为，这不仅是政治的危机，也是"理性"的危机。所谓理性，可以理解为人类判断、权衡并作出选择的能力。权衡不同的手段，选择最恰当、最适用的一种，这是一种实践理性。但是在现代，这种权衡越来越多地体现为单纯的"计算"，通过货币把意义

---

① 〔德〕赫伯特·马尔库塞：《单向度的人——发达工业社会意识形态研究》，第5页。

数值化，通过功率、效率、性价比等概念把"适用"从定性的问题转化为单纯定量的问题，从而把"权衡并选择"的过程变成一个"计算并比大小"的过程。

于是，人的选择能力被机械化了，因为这无非就是一个客观的计算过程嘛，计算机反而能做得比人更好。技术的逻辑支配了人的理性，作为工具的支配者的人反而变成了"计算工具"。马尔库塞说："技术的逻各斯被转变成依然存在的奴役状态的逻各斯。技术的解放力量——使事物工具化——转而成为解放的桎梏，即使人也工具化。"①

计算的确是理性能力的一种形式，但如果效率的计算变成了理性的唯一形式，这就让人类的自由选择能力被奴役了。表面上看人们仍然可以进行选择，但只有在纯粹数量方面的比较才被视为"理性"的选择。其他维度上的选择，被归结为"审美的""情感的""冲动的""任性的"等，而不再被纳入"理性"的范畴。第五章提到的技术与艺术的分裂也缘于相似的趋势。

马尔库塞认为，类似的趋势在自然科学中表现为"操作主义"的崛起，在社会科学中表现为"行为主义"的崛起。人们进行理论论述的方式改变了，操作主义认定每一句合理的语句都应该受到"可操作性"的要求，行为主义要求用实际可见的行为来衡量人的意识。归根结底，"可操作性"反过来支配了理性。

但"可操作性"又是什么呢？无非就是对技术环境的适配性。

① 〔德〕赫伯特·马尔库塞：《单向度的人——发达工业社会意识形态研究》，第127页。

特别是当这种操作主义倾向被贯彻到政治议题时，就形成了技术支配政治的状况。

注意到，马克思强调任何话语或理论应当受“物质基础”的决定，但并不意味着这种“决定”方式必须是效率逻辑的贯彻。在海德格尔或马尔库塞看来，技术不只蕴含效率这一个维度，第五章最后我们提到技术与艺术是一体两面的，技术活动本身就蕴含着丰富的维度。因此，“工具理性”既是对理性的狭隘化，也是对技术的狭隘化。

八 怎么也跳不出五指山

与老师海德格尔一样，马尔库塞也认为发达工业社会受到某种类似“集置”的总体性力量的支配。包括思想和批判在内，一切活动都预先被这一总体所框定，我们只能从这个舞台跳到那个舞台，但跳来跳去都始终被困在“集置”的手掌心内。

马尔库塞说：“面对发达工业社会成就的总体性，批判理论失去了超越这一社会的理论基础。”[①]

任何一种权衡或选择，都会预设某种总体性的条件。比如，当我考虑晚饭吃米饭还是面条时，前提是我已经接受了“我要吃晚饭”这件事情。但是，这个总体性的条件也是随时可以被突破的，当我啥都不想选时，我可以说：“干脆不吃了，减肥！”

---

① 〔德〕赫伯特·马尔库塞：《单向度的人——发达工业社会意识形态研究》，导言第5页。

人类的自由不仅体现为可以在米饭还是面条之间选择，更是在于这种随时能够超拔出来的反省能力。

而在现代社会，由工业体系和工具理性所支配的总体性越来越让人丧失了总体上进行反省的能力，“掀桌”成为疯子的臆想，而不再是一种真实的可能性。

这种束缚方式经常被包装为“务实”的美德——眼前紧迫的问题没有解决，就不要谈遥远的、不切实际的问题。如果你拿不出可行的、可操作的方案，就不要说风凉话。

一列失控的火车开过来，你眼前有一个操纵杆，你可以选择原地不动从而让火车碾死 5 个人，也可以选择扳动操作杆从而让火车碾死另一轨道中的 1 个人，你该如何选择呢？这个著名的“电车难题”中，我们纠结于扳还是不扳这两个选项，但并没有机会去追究一个更根本的问题：究竟是谁让火车失控的？又是谁把那 6 个人绑在铁轨上的？

这些问题固然更为根本，但在火车碾来之际，“可操作”的只有那一根操作杆，于是所有的思考和争论都必须围绕着这一操作杆展开。

作为一道伦理学的思考题，我们的讨论受到题面的限制，这很正常。但是在现实的政治议题中，人们仍然被可操作性支配的话，就失去了批判的维度。

工人们甚至无权提出“工作让人痛苦”，因为这只是一句空洞的抱怨，工具理性要求工人把话说清楚、说具体——究竟是工作中的哪个具体环节，以何种实际方式，让你感受到痛苦呢？

比如，你嫌工作环境脏，那么解决方案可以是添置几个垃圾桶;如果你嫌吵,是不是可以建立隔音设施;嫌孤独,我们可以搞联谊、搞团建;如果是嫌钱少,那就给你加薪,还是嫌少的话,不如跳槽;所有的公司都不好?那你移民去吧;全世界都不好?那是你太矫情了,回家歇着吧!

因此,在19世纪还试图掀起革命的无产阶级,在20世纪最大的要求也无非是提高待遇了。

甚至是哲学家,都开始进入严格的分工,细致入微地讨论起一个个具体的概念或命题,越来越少地跳出操作语境,进行一种整体的批判。

现代工业体系的流水线生产模式,就是操作主义的集中体现。每一个工人面前都有一个具体的"操纵杆",每个人可操作的空间都被压缩到最极限的程度。工厂的逻辑要求每个人管好自己眼前的事务,流水线上不断袭来的工件就仿佛那列碾来的火车一样紧迫,让你无暇追问它的来龙去脉。每个人都务实地完成自己眼前的可由自己操作的工序,而不是好高骛远。

但是,还有谁来反思整个流水线的意义呢?谁又该为整个流水线负责呢?

鲍曼在《现代性与大屠杀》中提示出,纳粹的大屠杀正是现代工业逻辑的极端体现。为整个大屠杀的运转添砖加瓦的参与者们,大部分都不是嗜血狂魔,他们理性、冷静、遵守秩序、在各自的岗位上尽职尽责。在整个大屠杀的无数具体环节中,参与者们所做的无非是像最普通的工人和公务员那样整理文件、设计方案、运输人员、铺设管道……。他们难道不知道他们的忙碌指向的最终结果吗?也许知道,但也被视而不见。就好比一个流水线工人并不关心最终的产品是什么。

古代人运用技术时，直接的作用对象往往离自己不远，行动者很容易区分用锤子击打钉子与用锤子击打另一个人的脑袋之间的差别。然而，在现代技术所封闭巨大的系统，每一个人在技术系统面前都是渺小的螺丝钉，他们只负责流水线上的一小块清晰明确的事务，他们只需等待早已订置好的事物以早已订置好的方式来到自己面前，然后做出预订的动作。整个技术系统下秩序井然，不存在任何模糊暧昧之处。

但是最终究竟是谁为结果负责呢？一套工厂流水线也许还能找到其法人代表，但整个现代技术系统往往找不到那个总负责人。但如果工业社会作为整体的运转正在将人类推向深渊，那么哪一颗螺丝钉为此担责呢？

流水线上的无数中间环节遮挡了工人的视线，让他们不能直接面对最终的结果，但他们就一点都没有责任吗？事实上，他们的过错不在于选择了错误的行为，而是在于"不选择"。他们把真理委托给现成的秩序，不关心无法一目了然的"边缘"，不在意自己控制之外的事情，因而他们可以在大屠杀之后回避自己的责任，因为他们本来就没有在完成预订工作之外承担过什么责任。

纳粹高官艾希曼在接受审判时说："我是齿轮系统中的一环，只是起了传动的作用罢了。"这句名言道出了现代工业社会的本质。与其说每个人都只盯着自己眼前的"操纵杆"，不如说我们更像是被捆绑在轨道上的人，我们可以在既定的轨道中前后运动，却跳不出被技术的列车碾压的命运。

九　大众文化批判

现代人成为不会批判的“单向度的人”，但是，难道古代就有很多人懂得批判吗？事实上，古代能够有能力进行总体性反思的人更是凤毛麟角，绝大多数的普通老百姓也都是只顾眼前，不会去想到对社会整体发起批判。

就底层人民在知识、权力、言论等方面的解放而言，现代人当然比古代人更加自由，但也正因为底层的崛起，造成了新形式的危机。

那就是伴随着大众媒介而兴起的大众文化。大众媒介一方面用宣传和娱乐麻木了底层人民的精神，让他们沉浸于快感，从而化解“异化劳动”中失去自我的空虚感。枯燥的工厂生活与刺激的娱乐生活相中和，消磨了民众进行反叛乃至革命的动力。

另一方面，大众传媒用消费主义和感官文化取代了对崇高或正义的追求，关于“重要事务”的衡量方式被逆转了。一个哲学家对时代的忧虑，产生的影响远远比不上一个流量明星的无病呻吟。

一个成天为生计奔波的底层民众，只顾着养家糊口，不去思考诸如社会体制、时代处境、人类命运之类的宏大问题，这是再正常不过的事情。但是，如果这样的态度不仅占据主流，还渗透到所有人和所有公共议题之内，那就有些可怕了。

从本雅明1926年的《机械复制时代的艺术作品》开始，到霍克海默和阿多诺对“文化工业”的批判，法兰克福学派对大众文化发起了持续的批判，马尔库塞也不例外，他说：“举一个（可惜是幻想的)例子:如果没有一切广告、没有一切灌输性的新闻媒介和娱乐媒介,就将使人陷入创伤性的空虚之中;在那里,他会有机会去惊奇、去思考、去了解他自己(毋宁说他自己的否定)及他的社会。"①

随着彩色电视的流行,大众媒介"娱乐至死"的特征在马尔库塞身后继续发展,眼球经济取代了审美问题,粉丝文化改变了尊崇的意义,

本雅明所说的"机械复制时代"同时概括了"发达工业社会"和"大众媒介文化"的特征。标准化生产这样一种以"批量复制"为要求的生产方式,决定了现代社会的基本特征,"量产"不仅是一种生产手段,也成了一种衡量标准。特立独行的个性找不到安身的位置,一切流行的东西都是可批量订制的,包括明星的"个性",也都逐渐被可订制的"人设"所取代。

---

① 〔德〕赫伯特·马尔库塞:《单向度的人——发达工业社会意识形态研究》,导言第5页。

第七章　人还能做什么？

一　技术有自主性吗？

在海德格尔、马克思和马尔库塞的字里行间，我们都能体会到传统的关于“技术中立性”的观念被打破了，取而代之的是某种“技术自主性”的观念，即认为技术及其发展有某种自主的逻辑，技术自己决定自己，进而还多多少少规定着人的行为。

在某种意义上，我们可以说任何技术哲学家都应支持某种形式的“技术自主论”，因为正是技术所蕴含的内在原则，使得它值得被当作一种“哲学”的切入点。如果技术仅仅是中性的工具，那么我们就只需要通过数学和工程学来研究技术，而不需要“技术哲学”了。

但是我们究竟在何种意义上讨论技术的自主性，却可以有多种方式。基本的问题无非两条：一是我们所谈论的技术指什么，二是所谓的自主性是什么意思？

粗略地说，技术可以指作为总体的技术，或个别的具体技术。前文述及的若干哲学家所谈论的，往往都是作为整体的“现代技术”，考察整个集置或体系的发展趋势。当然，我们也可以从个别技术出发，讨论某一特定技术的运转和演化是否有自主性。

另一方面，自主性也包含两层意思，一是不可预知的“任性”，即技术的发展不受人的预先控制；二是某种预先决定的确定性，比如前文讨论的工具理性或效率逻辑。

如此一来，我们至少有四种意义上的“技术自主论”：(1)总体/确定——认为整个技术体系的演化有其内在的逻辑，人类难以阻止这一趋势；(2)总体/不确定——认为技术的演化带来不确定的未来，人类无法预估风险；(3)个别/确定——认为某些具体技术有确定的伦理/政治/价值偏向；(4)个别/不确定——某些技术可以被视作某种任性的行为主体(人工智能)。

技术哲学家往往在其中一个或几个层面讨论技术，不过这不同层面之间也存在着某些张力。在这里，我主要围绕法国哲学家埃吕尔和美国哲学家温纳关于技术自主性的思想进行讨论[①]。

技术的自主性问题首先表现为人类“自主感”的丧失。在日新月异的现代技术面前，人类越来越感觉自己身处“局外”，或者顶多只是乘客而不是司机。

埃吕尔指出，如果人在技术面前真的有自主性的话，那么我们至少能做到两件事情：一是人能够给技术赋予方向和定位，二是人们进而可以控制技术达成既定的定位。

但是，人们这两样都没做到，一方面，正如第五、六章所说，现代技术自己为自己设定了位置，技术是沿着“更高、更快、更强”的

① 这两位哲学家的主张，参见吴国盛编：《技术哲学经典读本》。

逻辑发展的;另一方面,人想要控制技术必须依赖社会体制,而现代社会的政治经济体制本身是由技术支配的。

从个别技术的角度来看,并不是说古代技术并没有某种“内在逻辑”,比如刀剑总是越锋利越好,起重机总是越省力越好。但是区别在于,古代技术的发展更多是本地性的,各地有各自的特色和传承,一门技艺很容易因为传承人的懈怠而遭遇失传。这反而让人在促进技术演进方面有了“参与感”,因为人的选择和排斥会决定各种技术是否得到发展。但现代技术日益呈现出普遍性、全球化的特点,一旦某种技术流行起来,就再难得到遏制,流行技术的进一步发展几乎只遵循效率的逻辑,而不再依赖于个别人的好恶。摩尔定律就是最典型的例子,即技术自身给出了确定的方向和节奏,人类仿佛只是技术自我繁衍的工具,想要让它发展得快一些或慢一些都做不到。

当个别人想要基于主观愿望去干涉技术的发展时,他们的自主性立刻就会淹没在“生存竞争”的随机性之中。如果一件事情能够提升技术效率,那么即便你拒绝参与,也马上会有别人顶替你。如果一件事情效用不佳,而你想要强行推动它,那么你最终也将在残酷的市场竞争中被淘汰。

如果说人们想要团结起来,以集体意愿的方式去控制技术,比如通过计划经济或其他方式来反抗技术的趋势,那么这个体制能够建立的前提也需要顺从技术的趋势,最终一种体制如果不能有效地促进生产率,还是要整个被淘汰的。

我们看到,进化论的逻辑支配了人与技术的关系,正如埃吕尔所说,技术已经取代了“自然”,而成为人类的生存“环境”。这个环境越来越“厚”，越来越强大，以至于人类在其中疲于竞争求存，而难以逆势而行。

二　人还有自主性吗？

埃吕尔关注的仍然是作为总体的技术系统或技术环境，而温纳则更加关注个别的人造物是否有自主倾向。他在代表性的论文“人造物有政治吗”中讨论了这个问题。

就个别技术制品（人造物）是否有特定的政治倾向，温纳提出了强弱两种命题。

弱命题：有些人造物承载着特定政治意图。

强命题：有些人造物内在地具有政治倾向。

支持弱命题的案例有很多。例如，温纳提到著名建筑家罗伯特·摩西为美国长岛地区设计的天桥就隐含了他个人的政治意图。

摩西本人歧视黑人和穷人（一般来说当时的黑人也是穷人），而长岛地区是富人区，摩西不希望太多穷人进入这片区域，就把跨越道口的天桥设计得非常低矮，以至于只能通过小型的私家车，而无法通过较高的公交车，这就把大部分穷人阻拦在长岛地区门外了。

借助一系列的例子，温纳试图论证一个起码的观点。那就是说，我们不要只盯着技术人造物在表面上呈现出的功能，还需要注意其附带的、隐含的并在实际上确实会发挥出来的政治功能。

温纳的论文引发了许多批评。其中一种批评指出，温纳对摩西的相关史料掌握失实，实质上长岛天桥的建立并不是摩西种族歧视的有意后果。

但是这并没有推翻温纳的结论，反而提示出温纳进一步的论证思路。那就是说，一旦你承认了弱命题成立的可能性，那么也将被迫承认强命题。

就长岛天桥而言，就其实际效果来说，确实是有利于富人，而不利于穷人的。那么，这种实际的政治偏向，究竟是来自摩西的有意阴谋，还是无意的偶然结果，这很重要吗？如果我们承认了技术制品确实有可能被灌注某种政治倾向，那么这种倾向也就完全有可能在没有任何“始作俑者”的情况下，存在于技术制品的内在形式之中。

温纳又举出了许多案例，揭示出许多技术制品在流行之后，会造成发明者或推广者预期之外的效果。但非预期的效果也同样是效果，与其说把某种技术最终形成的倾向性归结于其发明者或推广者，不如说这种倾向性就内含于技术制品之内。

无论来源如何，人造物都会内化和固化某些特定倾向，特别有利于一部分人而损害另一部分人，特别适合于某种制度而抑制另一些制度，特别促进某种思维倾向而削弱另一些观念，等等。无论这些倾向是有特定的人有意设计的，还是意料之外的，这一现实都提醒我们，应当抛弃朴素的技术中立论，必须认真考察技术的倾向。

温纳揭示了“个别技术的不确定性”这一意义上的技术自主性，这一思路恰好与“总体技术的确定性”意义上的技术自主性构成张力，松动了被视为铁板一块的技术趋势。

温纳说："我们可能以为新的技术都是为了获得更高的效率而被引进的，然而技术史的研究显示，事实并非如此。"[①]

当然，许多技术最终还是提高了效率。比如不需要熟练工、适合于傻瓜式操作的生产线，最终可能会提高生产率。但是当工厂中仍然有大量熟练工可以发挥作用的时候，引进这种生产线未必能促进效率。比如，麦考密克在19世纪80年代引入气压铸模机的意图就是为了打压由熟练工领导的工会。汽车这种便利的交通工具在最初也不以效率取胜，在配套设施并未完善时，汽车出行未必比马车高效，而最初的汽车是作为竞速用具而推广的。

从微观层面看，人类的个人意志并不能完全忽略不计，而这些对个别技术的选择，最终也会成为技术总体的一部分。我们不能指望以个人之力去控制总体技术的发展趋势，但是个人意志面对个别技术时，却始终是有产生影响的余地。

在这个意义上，个别技术层面的"技术自主性"，反而为人类争取回了一定的"自主感"。当然，这要求人们以更加全面和深入的方式去考察每一项具体技术，剖析其内在的倾向。

三　学以致用

至此，我们完成了这部"由深入浅"的技术哲学导论，最后说到的是浅显而微观的问题，但也是最终落实到我们每个个体的问

① 吴国盛编：《技术哲学经典读本》，第187页。

题——在具体的技术面前，在微观的场景之下，我们仍然有选择的余地，但我们又不该把自己的思想局限于眼前的事务。

对于宏大问题的关切本身并没有实际用处，但这有可能开启我们的视野，让我们在具体的微观语境下变得更加“敏感”。如果读者朋友接触过“技术哲学”之后，能够在日常与技术事务打交道时多一层“迟疑”、多一丝忧虑、多一番权衡，那么这个“导论”就起到作用了。

我在清华大学为一般非哲学专业学生开设这一通识课，也是出于这样的考虑。我认为在技术时代生活，无论将来进入哪个行业，都应当对“技术”保持反思，有所警醒。超越通常的“工具理性”，不再仅仅把各种技术当作中性的工具去衡量，而是在选择或采用各种新技术时，多一层思考。

用课上学生提到的一个案例来说，我们如何思考火车的意义？不只要计算它把我们带往上海或北京需要多长时间和多少成本，更要思考，上海或北京将被火车带往何方？火车让许多原先没有机会前往上海的人抵达了上海，但同时，在火车等现代交通技术的影响下，上海这座城市早已不再是未通火车之前的那座城市了。当更多的人有机会“抵达上海”时，“抵达上海”这件事情的意义本身发生了变化，旅游和迁居的意义也都发生了改变，上海之为上海的地方性也发生了变迁。上海成为“进城务工”“旅游工业”和“商务差旅”的目的地，这些活动都是前所未有的，但人们不再能够像徐霞客那样抵达上海了。

对于教学中技术的应用也是类似，教育活动不只是教师和学生这两个端点之间发生某种中性的传递过程，仿佛媒介技术在其中只是一个中性的管道。这个管道把教师的知识传递给学生，以及把学生的成绩传递给老师，评价这一管道仅仅在于它传递的效率和精准度。技术不是中性的，技术在教师和学生之间架设桥梁的同时，也在改变着教师和学生，改变着整个教学活动的意义和定位。

这种“多一层反思”并不是一种“操作性的算计”，这些反思往往不会得出精确的结论，甚至未必能直接导出是或否、好或坏的判断，但这确实是哲学的“实用”方式。

“学哲学，用哲学。”这类说法经常是出于对哲学的误解，以为哲学能提供某种指导实际工作的操作指南。但事实上哲学并不追求可操作性，相反，学哲学往往会去质疑许多理所当然的行动的合理性，反而激发人的陌生感和困惑感，让人在某些熟悉的事务中变得不知所措。但如果我们不是狭隘地理解“实用”这一概念，把“指导实践”理解为某种“指引、引发、导出、照亮”的活动，那么哲学指导实践这一说法又是有意义的。或者说，真诚的哲学必定会“指导实践”，因为真诚的哲学最终所反思的一定是“我”。对自我的反省当然会最终影响自我的定位和抉择。

我们讲海德格尔面对现代技术所寻求的出路，在于“历史性的反思”。“思”为什么能够是一种实践方式呢？道理也在这里。通过反思，我们在拓宽我们的思维空间，准备好更丰满的思考维度，从而在面临任何新问题时，就可能发现更多与之周旋的和协商的余地。

“成本-效益”就是一种面对技术的思考维度，沿着这一维度思考，就打开了一种协商空间（是否采用、如何采用）。但学了更多技术哲学，我们就可能打开更多的维度，如审美、政治、伦理、人性、环境等。当我们的思维只有单一的向度时，我们就很容易把问题标准化、精确化。通过一定规则的计算和权衡得出明确的结论。但是当思考的维度越多时，就越难以得出确定的结论。于是，现代人把各个维度都最终归约为一个维度——效率，审美或伦理等问题要么能够归结为一定的数值来计算，不能计算的就归入所谓的"感性"层面，或者说"非理性"。经过这种阉割而剩下的单向度的理性就是所谓的工具理性，而学哲学有益于激活健全的理性思维能力——或许更低效、更暧昧，但更加丰满。

四 技术哲学课对技术哲学的应用

在教授技术哲学导论这门课程的时候，我同样也在遭遇着对教学技术的反思和选择。

例如，我在后半学期安排了一场讨论课。在筹划讨论课时，就有一项技术的选择摆在我面前。我要求助教与我共同记录讨论表现以便最终打分，助教提议说，我们可以用录音笔做个记录，一方面便于核对，另一方面也可以避免某些不必要的麻烦，比如有同学没来或没怎么发言，最后却对成绩提出异议，我们就有所依据了。

表面上看这是个不错的建议，录音笔既不用多少成本，也不会给课堂带来什么妨碍。最后用不上也没什么损失，用上了就可以减少很多麻烦。但我考虑了一下还是放弃了这一选择。

我觉得，我们两个人记录应该不会遗漏太多，可以考虑在下课前点一下名，确定参与的同学都被记录在案了，而不需要像防贼那样防着所谓的“麻烦”。录音的逻辑也是通过技术监控来保障安全、省心、严格……，这就是“集置”的“预先控制”的逻辑。我宁可事后遇到事情时麻烦一点，也尽可能不必使用这种记录手段。

“录音笔”有时确实很有用。比如，当某位员工意识到自己的利益可能受到损害时，就随身带上了录音笔，最终为他保全了重要证据，避免了更大的冤案。我们看到了录音笔的积极作用，但同时我们也看到，当那位员工起用录音笔时，他和公司内其他人员的关系已经变化了，他把他们当作坏人来防着。

录音笔在客观中立地记录话语的同时，也在重新定义着对话者之间的关系，我对此感到“不美”，于是就不去选择了。当然，这一层思考未必能得到确定的答案，我也可以选择带着警醒继续使用录音笔，如果那样，我也不认为我犯了多大的原则性错误。但无论如何，我确实多想了这一层，这就是我在实际生活中用上了我所讲授的哲学。

作业评判方面也有类似的抉择。现在学校给每位任课老师提供免费的知网查重额度，每位同学都可以被检验两次。我可以把所有作业打包上传，一次性检验。不过我并没有这么做，但我也不是完全不用查重技术，而是在注意到可疑的作业时，才去查一下重。从效率上来讲，打包上传，让系统自动检查，并没有什么麻烦之处，甚至说上传更多作业，是对“校内查重”做出了贡献。如果某位同学或这位同学的好友把他在这门课程的作业拿去别的课程利用，如果两位教师都使用查重，就更有可能发现这种情况。甚至有老师建议，把作业查重嵌入到网络学堂的系统之内，不必经过老师，学生上传作业时就自动进行检测。

但我对查重技术本来就心怀警惕,我愿意偶尔借用这一技术,但是坚决抵制让这一技术本身成为某种标准来取代老师的判断。“预先检查”和“事后检查”是大不相同的,先查还是后查,决定了检查结果对我施加影响的方式。海德格尔指出现代技术的某种本质性特征就是“订置”——“预先控制”“预先确保”。如果真有一天强制要求每份作业都过查重,那么我也希望我先去阅读学生的作业,再去查看查重结果。而不是在得知查重结果后再来审读作业。

应用查重技术,似乎能够减少漏网之鱼,增强公正性。但这只是就当下静态的场景而论的。更重要的是,随着查重技术的流行,学生的行为和教师的态度都会随之变化。学生会更多洗稿,教师会更多依赖。

公正自然是好事,但是问题在于,为了眼下的公正性和精确性,我们可以做出哪些退让和妥协呢?

在作业要求方面,我也有自己的理解。我的几门课作业要求都是“可选”的,可以选择写“论文或读书笔记”,一篇 6000 字的论文也可以用总字数 6000 字以上的读书笔记替代。另外,这门课还额外要求 50 分的“讨论分”,但讨论分中包含课上讨论和网上讨论,具体份额却并不固定,我会根据各人不同的表现酌情给分。

但是选择不同形式的作业,最终每位同学的得分都是在统一尺度之下的——无非是 0—100 分的一个数值。显然,最终的给分有较大的主观性。

如果学校给予更加严格的要求,例如必须给出详细的评分标准和具体的得分细节,那么我们可能会不得不妥协,最终干脆用客观统一的试题考试取代主观多样的作业形式。这种要求不是不可能下达，相反，这正是近年来的一个趋势。这种趋势或许也和数字化的管理技术有关。对教师和教学过程的评估进行统一评估时所采取的技术手段，将会反过来影响他们的评估标准。

但是我们这些普通教师和学生的选择，也同样会产生影响。例如，我鼓励学生使用网络学堂的讨论区，但学生们似乎积极性不高，不爱发帖。这就是一种博弈。我可能坚持要求，甚至强化处罚，也可能以后就鼓励学生采用其他形式或其他平台进行讨论了。在我与学生构成的小环境内，技术的应用方向始终悬而未决，处于协商之下。在学校与我们教师之间，也是类似，我们每个教师在实际教学活动中的具体选择，是积极还是消极，是接纳还是抵制，最终也会产生实际的影响。

许多技术悲观论者其实是站在"上帝视角"思考问题的，感觉到无法为现代社会寻求一种全局的、整体的、一揽子的、一劳永逸的解决方案，所以失去了信心，认为技术哲学只会悲叹却毫无用处。但是，如果我们把目光从上帝那里收回来，回到我们个人的实际处境之内，那么我们将能发现——选择总有意义，行动总有效果，反思总有用处。